国家出版基金项目
NATIONAL PUBLICATION FOUNDATION

中国中药资源大典
——中药材系列

中药材生产加工适宜技术丛书

中药材产业扶贫计划

钩藤生产加工适宜技术

总主编　黄璐琦

主　　编　韦树根　付金娥

副主编　潘丽梅　黄　浩

中国健康传媒集团
中国医药科技出版社

内容提要

《中药材生产加工适宜技术丛书》以全国第四次中药资源普查工作为抓手，系统整理我国中药材栽培加工的传统及特色技术，旨在科学指导、普及中药材种植及产地加工，规范中药材种植产业。本书为钩藤生产加工适宜技术，包括：概述、钩藤药用资源、钩藤栽培技术、钩藤特色适宜技术、钩藤药材质量评价、钩藤现代研究与应用等内容。本书适合中药种植户及中药材生产加工企业参考使用。

图书在版编目（CIP）数据

钩藤生产加工适宜技术 / 韦树根，付金娥主编．— 北京：中国医药科技出版社，2018.9

（中国中药资源大典．中药材系列．中药材生产加工适宜技术丛书）

ISBN 978-7-5214-0392-3

Ⅰ．①钩…　Ⅱ．①韦… ②付…　Ⅲ．①钩藤－栽培技术 ②钩藤－中草药加工　Ⅳ．① S567.23

中国版本图书馆 CIP 数据核字（2018）第 196607 号

美术编辑　陈君杞
版式设计　锋尚设计

出版　**中国健康传媒集团** | 中国医药科技出版社
地址　北京市海淀区文慧园北路甲 22 号
邮编　100082
电话　发行：010-62227427　邮购：010-62236938
网址　www.cmstp.com
规格　710×1000mm　1/16
印张　7 1/4
字数　54 千字
版次　2018 年 9 月第 1 版
印次　2018 年 9 月第 1 次印刷
印刷　北京盛通印刷股份有限公司
经销　全国各地新华书店
书号　ISBN 978-7-5214-0392-3
定价　35.00 元

中药材生产加工适宜技术丛书

—— 编委会 ——

—— 本书编委会 ——

主　　编　韦树根　付金娥

副 主 编　潘丽梅　黄　浩

编写人员（按姓氏笔画排序）

韦树根（广西壮族自治区药用植物园）
付金娥（广西壮族自治区药用植物园）
黄　浩（广西壮族自治区药用植物园）
黄雪彦（广西壮族自治区药用植物园）
彭玉德（广西壮族自治区药用植物园）
潘丽梅（广西壮族自治区药用植物园）

序

我国是最早开始药用植物人工栽培的国家，中药材使用栽培历史悠久。目前，中药材生产技术较为成熟的品种有200余种。我国劳动人民在长期实践中积累了丰富的中药种植管理经验，形成了一系列实用、有特色的栽培加工方法。这些源于民间、简单实用的中药材生产加工适宜技术，被药农广泛接受。这些技术多为实践中的有效经验，经过长期实践，兼具经济性和可操作性，也带有鲜明的地方特色，是中药资源发展的宝贵财富和有力支撑。

基层中药材生产加工适宜技术也存在技术水平、操作规范、生产效果参差不齐问题，研究基础也较薄弱；受限于信息渠道相对闭塞，技术交流和推广不广泛，效率和效益也不很高。这些问题导致许多中药材生产加工技术只在较小范围内使用，不利于价值发挥，也不利于技术提升。因此，中药材生产加工适宜技术的收集、汇总工作显得更加重要，并且需要搭建沟通、传播平台，引入科研力量，结合现代科学技术手段，开展适宜技术研究论证与开发升级，在此基础上进行推广，使其优势技术得到充分的发挥与应用。

《中药材生产加工适宜技术》系列丛书正是在这样的背景下组织编撰的。该书以我院中药资源中心专家为主体，他们以中药资源动态监测信息和技术服务体系的工作为基础，编写整理了百余种常用大宗中药材的生产加工适宜技术。全书从中药材的种植、采收、加工等方面进行介绍，指导中药材生产，旨在促进中药资源的可持续发展，提高中药资源利用效率，保护生物多样性和生态环境，推进生态文明建设。

丛书的出版有利于促进中药种植技术的提升，对改善中药材的生产方式，促进中药资源产业发展，促进中药材规范化种植，提升中药材质量具有指导意义。本书适合中药栽培专业学生及基层药农阅读，也希望编写组广泛听取吸纳药农宝贵经验，不断丰富技术内容。

书将付梓，先睹为悦，谨以上言，以斯充序。

中国中医科学院 院长

中 国 工 程 院 院士

丁酉秋于东直门

总 前 言

中药材是中医药事业传承和发展的物质基础，是关系国计民生的战略性资源。中药材保护和发展得到了党中央、国务院的高度重视，一系列促进中药材发展的法律规划的颁布，如《中华人民共和国中医药法》的颁布，为野生资源保护和中药材规范化种植养殖提供了法律依据；《中医药发展战略规划纲要（2016—2030年）》提出推进“中药材规范化种植养殖”战略布局；《中药材保护和发展规划（2015—2020年）》对我国中药材资源保护和中药材产业发展进行了全面部署。

中药材生产和加工是中药产业发展的“第一关”，对保证中药供给和质量安全起着最为关键的作用。影响中药材质量的问题也最为复杂，存在种源、环境因子、种植技术、加工工艺等多个环节影响，是我国中医药管理的重点和难点。多数中药材规模化种植历史不超过30年，所积累的生产经验和研究资料严重不足。中药材科学种植还需要大量的研究和长期的实践。

中药材质量上存在特殊性，不能单纯考虑产量问题，不能简单复制农业经验。中药材生产必须强调道地药材，需要优良的品种遗传，特定的生态环境条件和适宜的栽培加工技术。为了推动中药材生产现代化，我与我的团队承担了农业部现代农业产业技术体系“中药材产业技术体系”建设任务。结合国家中医药管理局建立的全国中药资源动态监测体系，致力于收集、整理中药材生产加工适宜技术。这些适宜技术限于信息沟通渠道闭塞，并未能得到很好的推广和应用。

本丛书在第四次全国中药资源普查试点工作的基础下，历时三年，从药用资源分布、栽培技术、特色适宜技术、药材质量、现代应用与研究五个方面系统收集、整理了近百个品种全国范围内二十年来的生产加工适宜技术。这些适宜技术多源于基层，简单实用、被老百姓广泛接受，且经过长期实践、能够充分利用土地或其他资源。一些适宜技术尤其适用于经济欠发达的偏远地区和生态脆弱区的中药材栽培，这些地方农民收入来源较少，适宜技术推广有助于该地区实现精准扶贫。一些适宜技术提供了中药材生产的机械化解决方案，或者解决珍稀濒危资源繁育问题，为中药资源绿色可持续发展提供技术支持。

本套丛书以品种分册，参与编写的作者均为第四次全国中药资源普查中各省中药原料质量监测和技术服务中心的主任或一线专家、具有丰富种植经验的中药农业专家。在编写过程中，专家们查阅大量文献资料结合普查及自身经验，几经会议讨论，数易其稿。书稿完成后，我们又组织药用植物专家、农学家对书中所涉及植物分类检索表、农业病虫害及用药等内容进行审核确定，最终形成《中药材生产加工适宜技术》系列丛书。

在此，感谢各承担单位和审稿专家严谨、认真的工作，使得本套丛书最终付梓。希望本套丛书的出版，能对正在进行中药农业生产的地区及从业人员，有一些切实的参考价值；对规范和建立统一的中药材种植、采收、加工及检验的质量标准有一点实际的推动。

2017年11月24日

前言

钩藤是我国大宗常用中药材，药用历史悠久，始载于梁代陶弘景的《名医别录》。具有息风定惊，清热平肝的功效。用于肝风内动，惊痫抽搐，高热惊厥，感冒夹惊，小儿惊啼，头痛眩晕等症。为钩藤片、正天丸、天麻钩藤颗粒、脉君安片等多个著名中成药的主要原料药和中药配方的常用药，每年有大量的药材出口到日本与韩国等东亚国家。目前钩藤需求量呈逐年递增的趋势，价格一路攀升，野生资源遭到严重的破坏，资源储量急剧下降。特别是近年研究表明，钩藤碱和异钩藤碱具有缓解和结合治疗阿尔茨海默病（Alzheimer Disease）的作用，人们加快了钩藤产品的研究与开发，钩藤野生资源已远远不能满足市场需求。

近几年随着钩藤的栽培面积逐步增大，对钩藤栽培技术的研究也逐渐增多，但钩藤的栽培技术缺乏系统整理。广西钩藤资源丰富，是钩藤药材的主要产区，我们从2007年开始就在钩藤的引种驯化、资源调查与评价、良种选育、栽培技术、野生抚育等方面进行了系统的研究。本书不仅以国家科技基础条件平台工作项目、广西科技攻关项目、广西自然科学基金项目、南宁市科技攻关项目等的研究成果为主要内容，还整理了其他科研工作者的研究成果，内容系统全面，针对性强。本书适合从事于钩藤研究的广大科技人员阅读，也可为具体从事钩藤药材生产的广大农民朋友提供技术指导。

钩藤是多基原中药材，现有文献报道我国有14个种，《中国药典》2015年版收载了钩藤*Uncaria rhynchophylla*（Miq.）Miq. ex Havil.、大叶钩藤*U. macrophylla* Wall.、毛钩藤*U. hirsuta* Havil.、华钩藤*U. sinensis*（Oliv.）Havil.和无柄果钩藤*U. sessilifructus* Roxb. 5种钩藤，其他种如攀茎钩藤、北越钩藤、侯钩藤等在民间也有广泛的应用。为体现内容的完整性，且有些内容也难以分开，因此本书介绍了钩藤属植物在植物分类、分布、化学、药理、鉴定、质量评价等方面内容。但由于目前需求量最大的是钩藤*U. rhynchophylla*这个种，栽培面积也最大，栽培区域主要分布于广西和贵州，湖南、云南、广东等省也有少量栽培。因此，本书的栽培技术主要是指钩藤这个种，由于同属植物生物学特性有一定的相似性，故也可为其他钩藤属药材的生产提供参考。

本书是广西壮族自治区药用植物园全体科技人员集体努力的结晶，是我们十多年来辛勤劳作的成果。在本书撰写过程中得到了中国中医科学院资源中心老师们的指导与帮助，在此表示衷心的感谢！由于时间仓促和编者水平所限，书中疏漏和不足之处在所难免，恳请有关专家和读者批评指正。

编者

2018年6月

目　录

第1章

概　述

中医药产业发展迅速，使人们对中药材质量的意识逐渐加强，特别是某些药品出现事故更引起人们的担忧，因而中药材的种植与加工越来越引起人们的重视。而合格的产地环境、优良的种子、种苗是中药材质量优质稳定的基础，中药材良种的选育、繁育、使用是中药材规范化生产的“源头工程”。

1. 钩藤资源

《中国植物志》记载：“茜草科（Rubiaceae）钩藤属（*Uncaria*）植物全世界约有34种，其中2种分布于热带美洲，3种分布于非洲及马达加斯加，29种分布于亚洲、澳大利亚、非洲大陆及马达加斯加、热带美洲；我国有11种，1变异型，分布于广东、广西、云南、四川、湖北、湖南、贵州、福建、江西、陕西、甘肃、西藏及台湾等省、区。”然而自20世纪70年代起，我国的分类学工作者便对国产钩藤资源进行了较为系统地考察研究，经调查原始资料和整理分析，商品药材与原址标本的分类学鉴定统计，我国共有钩藤属植物14种，除了台湾产的线萼钩藤*U. setiloba* Benth.利用不详外，现已知药用者13种，其中作为商品药材使用的有10种。

钩藤属药用植物在我国的分布与气候区划关系十分紧密。除华钩藤偶尔分布到青藏高原高寒区外，大多数种类分布在北纬21°～25°的南亚热带至热带气候区。在年降水量1000～1500mm，年均气温22～26℃的北热带滇南西双版纳地区，分布的钩藤种类多达7种。该属植物主要生长在山谷、河谷两旁、林缘及路边、山坡灌草丛中、杂木林下、松树林下等环境中，在林缘、山谷中尤为繁茂。一般喜欢阳光较为充足的地方，阴地生长不好或不能生长，伴生植物十分丰富。

2. 钩藤市场需求与栽培

钩藤商品主要来源于野生资源，由江西、广东、福建、贵州、浙江、广西等省（自治区）提供。1949年以后，列为三类品种，由市场调节产销。多年来，购销逐年增长，一直供不应求，属生产收购不足、供应偏紧的品种。据1983—1987年全国中药资源普查统计，广西有8个地区79个县有钩藤分布，药材储量约200万吨，而全国年需要量900～1000吨。目前根据药材收购商提供的数据，广西每年仅收购到的药材只有600多吨，过度的利用使药材资源储量急剧减少，野生资源已不能满足市场长期大量的商品需求。

钩藤为我国常用大宗中药材，《中国药典》2015年版将该属植物钩藤*U. rhynchophylla*（Miq.）Miq. ex Havil.、大叶钩藤*U. macrophylla* Wall.、毛钩藤*U. hirsuta Havil.*、华钩藤*U. sinensis*（Oliv.）Havil.或无柄果钩藤*U. sessilifructus* Roxb. 的带钩茎枝收入“钩藤”药材。除此之外还收载了小儿七星茶颗粒、小儿百寿丸、天麻钩藤颗粒、清脑降压片、平肝舒络丸等与钩藤相关的中成药19种，仅国内需求量每年2000吨以上，加上出口日本、韩国等，钩藤药材每年总需求量为3000多吨。由于市场对钩藤需求量的不断提高和民间肆意采集，导致钩藤野生植物资源遭到严重破坏。同时，人类活动对钩藤的生境也造成了严重破坏，致使钩藤的自然分布范围在一定程度上缩小，现存的钩藤野生资源已远远不能满足市场需求。

近几年人们便开始了钩藤种植的研究，研究最多的是钩藤*U. rhynchophylla*，栽培技术也主要是指钩藤*U. rhynchophylla*这个种。其需求量和栽培面积也最大，栽培区域主要分布于广西和贵州，广西目前栽培面积约1万亩，而贵州据报道有2万～3万亩，湖南、云南、广东等省也有少量栽培。钩藤属的其他种药材目前在栽培方面的报道较少，只有少部分繁殖技术的研究。因此，进行优良品种的规范化种植研究与示范，辐射带动钩藤的推广种植，不仅可为制药企业提供优质的原材料，还可以显著增加农民收入，对降低企业制药成本、调整农村产业结构、保证钩藤产业的可持续发展有重要的意义（图1-1）。

图1-1　钩藤规范化种植基地

3. 钩藤质量评价

中药钩藤味甘，性凉，归肝、心包经，具有清热平肝、息风定惊等功效。钩藤的药用部位是带钩茎枝，传统的采收加工方法为去叶，将带钩的枝茎剪成3cm左右，其他部位则被作为废料丢弃。钩藤属植物在民间广泛应用，除传统药用带钩茎枝外，还多采用根及老茎药用。

钩藤始载于梁代陶弘景所著的《名医别录》，列为下品，最早记载了钩藤的功效。古时多以“钓藤”的名称出现，清朝后以“钩藤”的名称记载较多。钩藤过去产地多为我国西南、中南地区而现今产地逐渐向南扩大，并因不同种钩藤的地理分布不同，逐渐扩大了不同种的应用。目前，对钩藤属药材的显微结构与化学鉴定的研究比较多，王业胜等曾对一种钩藤属植物的rDNA ITS序列进行分析，但由于样品量有限，分子鉴定有待进一步深入研究。依据历年版的《中国药典》规定，以及《山西中药志》《中国中药材》《金世元中药材传统鉴别经验》《中华本草》等书籍都对钩藤药材的质量评价有比较清楚的描述。

4. 钩藤的研究与应用

现代化学研究表明，钩藤属植物的茎枝叶中含有吲哚类生物碱、三萜类成分及糖苷类物质，其中生物碱是其主要的有效成分（钩藤碱和异钩藤碱）。不同种类的钩藤，其生物碱含量也有一定差别，其中含量最高的是大叶钩藤，含量达0.47%，其次为毛钩藤（0.25%）、侯钩藤（0.21%）、攀茎钩藤（0.19%）、钩藤（0.17%），最低的为平滑钩藤和华钩藤，含量为微量。

现代药理学证实，钩藤煎剂、乙醇提取物、钩藤总生物碱和钩藤碱均具有降压作用，钩藤还有一定的镇静和抗惊厥作用。钩藤碱和异钩藤碱为钩藤的主要有效成分，其中钩藤碱对心脑血管系统及中枢神经系统有明显的药理作用，有抗血小板凝聚和抗血栓形成的作用；有明显的降压作用；对心肌细胞钾通道有抑制作用，具有抗心律失常的作用；对中枢神经系统的突触传递过程有明显的抑制效应，具有抗癫痫作用。临床上主要用于治疗肝风内动、惊痫抽搐、高热惊厥、感冒夹惊、小儿惊啼、妊娠子痫、头痛眩晕等。

第2章

钩藤药用资源

一、形态特征及分类检索

（一）钩藤属植物形态特征

1. 钩藤

钩藤*U. rhynchophylla*（Miq.）Miq. ex Havil. 为藤本；嫩枝较纤细，方柱形或略有四棱角，无毛。叶纸质，椭圆形或椭圆状长圆形，长5～12cm，宽3～7cm，两面均无毛，干时褐色或红褐色，下面有时有白粉，顶端短尖或骤尖，基部楔形至截形，有时稍下延；侧脉4～8对，脉腋窝陷有黏液毛；叶柄长5～15mm，无毛；托叶狭三角形，深2裂达全长2/3，外面无毛，内面无毛或基部具黏液毛，裂片线形至三角状披针形。头状花序不计花冠直径5～8mm，单生叶腋，总花梗具一节，苞片微小，或成单聚伞状排列，总花梗腋生，长5cm；小苞片线形或线状匙形；花近无梗；花萼管疏被毛，萼裂片近三角形，长0.5mm，疏被短柔毛，顶端锐尖；花冠管外面无毛，或具疏散的毛，花冠裂片卵圆形，外面无毛或略被粉状短柔毛，边缘有时有纤毛；花柱伸出冠喉外，柱头棒形。果序直径10～12mm；小蒴果长5～6mm，被短柔毛，宿存萼裂片近三角形，长1mm，星状辐射。花、果期5～12月（图2-1～图2-4）。

图2-1　钩藤原植物

图2-2　钩藤枝条

图2-3　钩藤花

图2-4　钩藤蒴果

2. 大叶钩藤

大叶钩藤*U. macrophylla* Wall. 为大藤本，嫩枝方柱形或略有棱角，疏被硬毛。叶对生，近革质，卵形或阔椭圆形，顶端短尖或渐尖，基部圆、近心形或心形，长10～16cm，宽6～12cm，上面仅脉上有黄褐色毛，下面被稀疏至稠密的黄褐色硬毛，脉上毛更密；叶脉上面微凹陷，下面凸起，侧脉6～9对，脉腋有窝陷；叶柄长3～10mm，无毛或疏被短柔毛；托叶卵形，深2裂达全长1/2或2/3，裂片狭卵形，外面被短柔毛，内面无毛或疏被短柔毛，基部内面具黏液毛；头状花序单生叶腋，总花梗具一节，节上苞片长6mm，或成简单聚伞状排列，总花梗腋生，长3～7cm；头状花序不计花冠直径15～20mm，花序轴有稠密的毛，无小苞片；花梗长2～5mm；花萼管漏斗状，长2～3mm，被淡黄褐色绢状短柔毛，萼裂片线状长圆形，长3～4mm，被短柔毛；花冠管长9～10mm，外面被苍白色短柔毛，花冠裂片长圆形，长2mm，外面被短柔毛；花柱长约6mm，伸出冠管外，柱头长圆形。果序直径8～10cm；小蒴果长约20mm，有苍白色短柔毛，宿存萼裂片线形，星状辐射，果柄长12～18mm；种子长6～8mm（连翅），两端有白色膜质的翅，仅一端的翅2深裂。花期夏季。

3. 华钩藤

华钩藤*U. sinensis*（Oliv.）Havil.为藤本，嫩枝较纤细，方柱形或有四棱角，无毛。叶薄纸质，椭圆形，长9～14cm，宽5～8cm，顶端渐尖，基部圆或钝，两面均无毛；侧脉6～8对，脉腋窝陷有黏液毛；叶柄长6～10mm，无毛；托叶阔三角形至半圆形，有时顶端微缺，外面无毛，内面基部有腺毛。头状花序单生叶腋，总花梗具一节，节上苞片微小，或成单聚伞状排列，总花梗腋生，长3～6cm；头状花序不计花冠直径10～15mm，花序轴有稠密短柔毛；小苞片线形或近匙形；花近无梗，花萼管长2mm，外面有苍白色毛，萼裂片线状长圆形，长约1.5mm，有短柔毛；花冠管长7～8mm，无毛或有稀少微柔毛，花冠裂片外面有短柔毛；花柱伸出冠喉外，柱头棒状。果序直径20～30mm；小蒴果长8～10mm，有短柔毛。花、果期6～10月。

4. 毛钩藤

毛钩藤*U. hirsuta* Havil.为藤本，嫩枝纤细，圆柱形或略具四棱角，被硬毛。叶革质，卵形或椭圆形，长8～12cm，宽5～7cm，顶端渐尖，基部钝，上面稍粗糙，被稀疏硬毛，下面被稀疏或稠密糙伏毛。侧脉7～10对，下面具糙伏毛，脉腋窝陷有黏腋毛；叶柄长3～10mm，有毛；托叶阔卵形，深2裂至少达2/3，外面被疏散长毛，内面无毛，基部有黏液毛，裂片卵形，有时具长渐尖的顶部。头状花序不计花冠直径20～25mm，单生叶腋，总花梗具一节，苞片长10mm，或成单聚伞状排列，总花梗腋生，长2.5～5cm；小苞片线形至匙形；花近无梗，花萼管长2mm，外面密被短柔毛，萼裂片线状长圆形，密被毛；花冠淡黄或淡红色，花冠管长7～10mm，外面有短柔毛，花冠裂片长圆形，外面有密毛；花柱伸出冠喉外；柱头长圆状棒形。果序直径45～50mm；小蒴果纺锤形，长10～13mm，有短柔毛。花、果期1～12月。

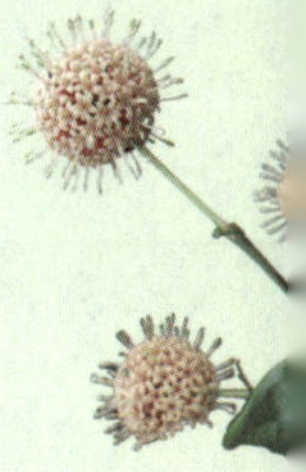

5. 无柄果钩藤（白钩藤）

无柄果钩藤*U. sessilifructus* Roxb.为大藤本；嫩枝较纤细，略有四棱角或方柱形，微被短柔毛。叶近革质，卵形、椭圆形或椭圆状长圆形，长

8～12cm，宽4～6.5cm，顶端短尖或渐尖，基部圆至楔形，两面均无毛，下面常有蜡被，干时常为粉白色；侧脉4～7对，下面脉上无毛或疏被短柔毛，脉腋有窝陷，其中有黏液毛；叶柄长5～10mm，无毛；托叶窄三角形，深2裂达全长2/3以上，外面无毛或疏被短柔毛，内面基部有黏液毛，裂片窄三角形。头状花序不计花冠直径5～10mm，单生叶腋，总花梗具一节，或成单聚伞状排列，总花梗腋生，长达15cm；小苞片线形或有时近匙形；花无梗；花萼管长1～2mm，外面有稠密苍白色毛，萼裂片长圆形，顶端钝，长1mm，通常有稀疏或稠密短柔毛；花冠黄白色，高脚碟状，花冠管长6～10mm，外面无毛或被疏柔毛，花冠裂片长圆形，长2mm，外面有明显苍白色或金黄色的绢毛；花柱伸出冠喉外，柱头长棒形。果序直径25～35mm；小蒴果纺锤形，长10～14mm，微被短柔毛，宿存萼裂片舌状，长约1mm，略呈星状展开。花、果期3～12月。

6. 云南钩藤

云南钩藤*U. yunnanensis* K. C. Hsia为木质藤本，高达15～25m；嫩枝为不明显的四棱柱形，被锈褐色长柔毛，有钩刺的枝条粗壮，长达140cm。叶对生，革质，长椭圆形，长9～18cm，宽5～8cm，顶端近凸尖，两面无毛，光滑；叶柄具褐色短柔毛；托叶全缘，半圆形，早落，长16mm，宽14mm。头状花序球形，腋生，花蕾期直径15～20mm，总花梗长30～35mm，具褐色短柔毛。花仅见花蕾。蒴果纺锤形，具明显的果梗，长6～8mm，梗和蒴果外面均被褐色毛；种子多数，细小，两端有膜质的翅。花期春夏。

7. 恒春钩藤

恒春钩藤*U. lanosa* Wall. f. 为藤本，嫩枝近方柱形，被硬毛。叶近薄纸质，长圆状披针形，长6～9cm，宽3～4cm，下面侧脉疏被锈色硬毛；托叶2浅裂。头状花序连花冠直径近40mm；萼裂片窄三角形，顶端为短针尖状。小蒴果线状纺锤形。花期春夏。

8. 平滑钩藤

平滑钩藤*U. laevigata* Wall. ex G. Don为藤本；嫩枝较纤细，略有四棱角或方柱形，微被短柔毛。叶近革质，椭圆形或椭圆状长圆形，长10～12cm，宽4～6cm，两面均无毛，干时上面紫褐色，下面灰褐色，顶端短尖或渐尖，基部圆或楔形；侧脉4～7对，无毛或疏被短柔毛，脉腋有陷窝，其中有黏液毛；叶柄长7～10mm；托叶狭三角形，分裂达全长1/3，外面无毛或疏被短柔毛，内面具黏液毛，边缘有明显的腺体，裂片窄三角形。头状花序不计花冠直径5～10mm，单生叶腋，花序梗具一节，或成单聚伞状排列，总花梗腋生，长8cm，有3个节；小苞片线形或近匙形；花无梗，花萼管长1～1.5mm，外面密被苍白色毛，萼裂片钝，无毛或疏被短柔毛；花冠管长7～10mm，外面无毛，花冠裂片长圆形，外面无毛；花柱伸出冠喉外，柱头长棒状。果序直径

25～30mm；小蒴果纺锤形，长6～8mm，被短柔毛。花、果期5～11月。

9. 倒挂金钩（披针叶钩藤）

倒挂金钩*U. lancifolia* Hutchins.为大藤本；嫩枝方柱形或具四棱角，无毛。叶薄纸质，长椭圆状披针形或卵状披针形，长9～12cm，宽3～6cm，下面灰褐色，顶端短尖至渐尖，基部钝至近心形，两面无毛，干时上面淡紫红色；侧脉5～8对，脉腋窝陷有黏液毛；叶柄长3～5mm，无毛；托叶卵形，深2裂达全长1/3至1/2，外面无毛，内面基部具黏液毛，裂片窄卵形。头状花序不计花冠直径约15mm，单生叶腋，总花梗腋生，长4～7cm；小苞片线状至线状匙形。花近无梗；花萼管长椭圆形，长1.8～4mm，外面密被硬毛，花萼裂片长匙形，长2～3mm，顶端圆，近无毛；花冠绿白色，花冠管长9～12mm，外面无毛，花冠裂片长圆形，长1.5～2.5mm，外面近无毛；花柱长4～6mm，伸出冠喉外，柱头倒卵圆形至长棒形。果序直径20～35mm；小蒴果长9～12mm，被短柔毛，宿存萼裂片匙形，长2.5mm，星状辐射。花、果期6～12月。

10. 侯钩藤

侯钩藤*U. rhynchophylloides* How为藤本，长达13m；嫩枝方柱形，无毛，干时常黑色；钩刺长约1cm，无毛。叶薄纸质，卵形或椭圆状卵形，长6～9cm，宽3～4.5cm，顶端渐尖，基部钝圆，稀楔形，两面均无毛，干时黑褐色；侧脉5对；脉腋窝陷有黏腋毛；叶柄长5～7mm，无毛；托叶2深裂，裂片三角形，长3～4mm，脱落。头状花序不计花冠直径11mm，单生叶腋，总花梗具一节，长10mm，苞片微小，或成单聚伞状排列，总花梗腋生，长5～7cm；小苞片线形或线状匙形；花近无梗；花萼管倒圆锥状圆筒形，长3～4mm，密被棕黄色紧贴长硬毛，萼裂片长圆形，密被金黄色绢毛，长1.5mm，顶端钝圆；花冠管细长，长12mm，外面无毛或具疏散的毛，花冠裂片倒卵形或长圆状倒卵形，长2～2.5mm，宽1～1.5mm，外面无毛或略被粉状短柔毛；雄蕊着生于冠喉部，花丝短，花药长圆形，长约2mm，顶端尖锐，基部具2骤尖；花柱伸出冠喉外，柱头棒形，长约2mm。果序直径16～20mm；小蒴果无柄，倒卵状椭圆形，长8～10mm，宽3～3.5mm，被紧贴黄色长柔毛，有宿存萼裂片。花、果期5～12月。

11. 攀茎钩藤

攀茎钩藤*U. scandens*（Smith）Hutchins.为大藤本，嫩枝较纤细，方柱形或略有四棱角，密被锈色短柔毛。叶纸质，卵形、卵状长圆形、椭圆形或椭圆状长圆形，长10～15cm，宽5～7cm，顶端短尖至渐尖，基部钝圆至近心形，罕有短尖至楔形，全缘，上面有疏散糙伏毛，下面被或疏或密的糙伏毛；侧脉7～20对，脉腋窝陷有黏液毛；叶柄长3～6mm，有硬毛；托叶阔卵形，深2裂，裂片披针形，长5～6mm，外面有糙伏毛，内面无毛或疏被短柔毛，基部有黏液毛。头状花序不计花冠直径25mm，单生叶腋，花序梗具一节，苞片长9mm，或成单聚伞状排列，总花序梗腋生，长3～7cm；小苞片线形或线状匙形，疏被毛；花近无梗；花萼管长2～3mm，密生灰白色硬毛或短柔毛，萼裂片线形至线状匙形，密被短柔毛，顶端钝，约与花萼管等长；花冠淡黄色，花冠管纤细，长8～10mm，外被柔毛，花冠裂片长倒卵形，顶端圆，长约2mm，外被短柔毛；花柱伸出冠喉外，长10～12mm，柱头长纺锤形；果序直径20～25mm；小蒴果无柄，长约11mm，倒披针状长圆锥形，疏被长柔毛，干后有纵棱；种子橙黄色，两端有白色膜质翅，下方的翅2深裂。花期夏季。

12. 北越钩藤

北越钩藤*U. homomalla* Miq.为藤本，长达10～25m；嫩枝方柱形，微被锈色短柔毛。叶纸质，椭圆形至椭圆状披针形或卵状披针形，长8.5～10cm，宽3.5～5.5cm，顶端长渐狭、渐尖或尾状，基部圆，两面均被硬毛，有时被糙伏毛；侧脉8对；叶柄长3～6mm，上面有沟槽；托叶窄三角形，长达4～5mm，深2裂，裂片披针形。头状花序不计花冠直径10mm，单生叶腋，总花梗具一节，苞片长2～3mm，或成单聚伞状排列，总花梗腋生，长2.5～3cm；花黄色，花萼管楔形，长1.2mm，萼裂片线形，长0.75mm，被短柔毛；花冠管长5～7.5mm，花冠裂片钝头，长1.25mm；雄蕊5枚，着生于冠喉部，花药顶端钝，基部具尖头；花柱连柱头长10～11mm，丝状，柱头棒形。小蒴果无柄，倒卵形，长4mm，宽2mm，2开裂；种子多数。花期5月。

（二）钩藤属分类检索表

1 花和小蒴果有明显的梗。

1 花和小蒴果无梗或近无梗。

2 托叶全缘，半圆形 ……………………………………………………… 云南钩藤

2 托叶深2裂或浅裂。

3 托叶深2裂；叶近革质，卵形或阔椭圆形，长10～16cm，宽6～12cm ……

……………………………………………………………………… 大叶钩藤

3 托叶浅2裂；叶近薄纸质，长圆状披针形，长6～9cm，宽3～4cm 恒春钩藤

4 叶片无毛。

4 叶片密被短柔毛或硬毛。

5 托叶全缘或微缺，阔三角形或半圆形 ………………………………… 华钩藤

5 托叶明显2裂，裂片狭三角形、狭卵形或三角状卵形。

6 叶近革质；总花梗长8～15cm。

6 叶薄纸质；总花梗长4～7cm。

7 叶下面稍呈粉白色；花萼裂片长圆形，长1mm；花冠裂片外面密被绢毛 ……………………………………………………………………… 白钩藤

7　叶下面非粉白色；花萼裂片不明显，齿状；花冠裂片无毛或在芽时有缘毛 ……………………………………………………………………………平滑钩藤

8　花冠长约7mm；叶下面干时红褐色或暗红色；头状花序不计花冠直径5～8mm ………………………………………………………………………钩藤

8　花冠长14～15mm。

9　花萼裂片匙形，长2～3mm；叶下面干时灰褐色；头状花序不计花冠直径15mm ……………………………………………………………………倒挂金钩

9　花萼裂片长不及1mm；叶下面干时淡褐色 ……………………………侯钩藤

10　头状花序不计花冠直径达10mm ……………………………………北越钩藤

10　头状花序不计花冠直径20～25mm。

11　叶革质，下面密被硬毛；托叶深2裂，裂片卵形；花萼裂片线状长圆形，近基部最宽 ……………………………………………………………毛钩藤

11　叶纸质，下面密被短柔毛；托叶深2裂，裂片披针形；花萼裂片线形至线状匙形，近顶部最宽。………………………………………………攀茎钩藤

二、生物学特性

钩藤适应性较强，喜温暖、湿润、光照充足环境，在土层深厚、肥沃疏松、排水良好的土壤上生长良好。常生长于海拔1000m以下的山坡、丘

陵地带的疏生杂木林间或林缘向阳处。除华钩藤偶尔分布到青藏高原高寒区外，大多数种类分布在北纬21°～25°的南亚热带至热带气候区。在年降水量1000～1500mm，年均气温22～26℃的北热带滇南西双版纳地区，分布的钩藤种类多达7种，我国特有种云南钩藤多规则地分布于本区热带雨林，及气候相似的金平县勐拉一带。少数种类分布在从北回归线以北到北纬31°的亚热带气候区（有些种类为热带分布的交叉品种），除钩藤、毛钩藤可分布到年均气温14～16℃的长江中下游平原的北亚热带气候区外，其他种类如大叶钩藤、无柄果钩藤、东京钩藤及披针叶钩藤等多分布在年降水量1000mm以上，年均气温17～23℃，夏秋多雨的华南和西南地区的中亚热带湿润气候区。可见钩藤属药用植物的分布与水热充足、湿润的气候环境是分不开的。该属植物主要生长在山谷、河谷两旁、林缘及路边、山坡灌草丛中、杂木林下、松树林下等环境中，在林缘、山谷中尤为繁茂。一般喜欢阳光较为充足的地方，阴地生长不好或不能生长，伴生植物十分丰富。伴生植物以松科Pinaceae、桃金娘科Myrtaceae、野牡丹科Melastomataceae、锦葵科Malvaceae、大戟科Euphorbiaceae、茜草科Rubiaceae、凤尾蕨科Pteridaceae等灌木、杂木和杂草居多，如马尾松*Pinus massoniana* Lamb.、桃金娘*Rhodomyrtus tomentosa*（Ait.）Hassk.、野牡丹*Melastoma candidum* D. Don、毛稔*Melastosa sanguineum* Sims、中平树*Macaranga denticulata*

（Bl.）Muell. Arg.、乌桕*Sapium sebiferum*（Linn.）Roxb.、鸡矢藤*Paederia scandens*（Lour.）Merr.、九节*Psychotria rubra*（*Lour.*）Poir.、半边旗*Pteris semipinnata* L. Sp. 等。

2017年罗鸣等对不同钩藤生产旺盛期的光合生理生态特征以及与药材量开展了相关研究，发现不同钩藤净光合速率（Pn）日变化呈单峰曲线，不存在“光合午休”现象，为典型的阳生植物。钩藤在1天内各种生理指标以及环境因子的变化趋势非常相似，其中在11：00左右的数据之间显示的差异性最强，主要是由于光合有效辐射（PAR）在11：00左右开始接近当日的最高值，光强和温度在短时间内迅速升高，引起植物体内一系列生理因子的骤变。钩藤不存在“光合午休”现象，说明钩藤在高光合有效辐射及高温下有较强的耐受能力。光合作用作为植物体内重要的代谢过程，它的强弱对植物的生长发育及抗逆性都有重要影响。另外，还发现钩藤在弱光下也有较强的适应能力，具有一定的耐荫性。钩藤光合生理生态因子及药材产量之间都存在着不同程度的相关关系，净光合速率、蒸腾速率、胞间二氧化碳浓度3种因子与药材产量呈现极显著相关性，是影响钩藤生长的最主要因素。

药材外观性状、有效成分的积累与采收时间关系密切，同样不同来源钩藤药材在组织构造等方面有不同特征，同一品种不同产地的钩藤所含的钩藤总碱含量不同。2015年王盟等对不同产地及不同采收期钩藤中异钩藤碱的含量进行分析研究，发现不同产地及不同采收期的钩藤中异钩藤碱含量不同，含量最高的采收时间为每年9月至次年2月。2013年朱意麟等对攀茎钩藤中钩藤碱成分的动态积累情况进行研究，发现攀茎钩藤不同采收时期其中的钩藤碱含量在不断变化，其中1～5月钩藤碱含量较高，6～12月其含量相对较低，所以认为攀茎钩藤药材的最佳采收时期为1～5月。2014年唐才林等报道毛钩藤不同采收期总生物碱与多糖含量变化情况进行研究，发现毛钩藤中的总生物碱和多糖含量变化与当地气温密切相关，在气温相对较高的时段其含量较低，在气温相对较低的时段其含量较高，认为毛钩藤药材的最佳采收时期在每年的深秋至次年的夏初。由此可见，《中国药典》2015年版一部中规定钩藤的采收期在秋、冬季是有一定科学依据的。

三、地理分布

1. 钩藤属植物的地理分布

（1）水平分布　钩藤属植物全世界约70种，主产于热带地区，集中在以马来西亚到所罗门群岛的东南亚一带，亚洲的其他地区以及非洲和南美洲也有分布。可见钩藤以热带亚洲为分布中心，亦有间断分布。钩藤属药用植物在我国分布极不均匀，但具有规律性。钩藤属植物主要分布在我国南方热带地区，仅有钩藤和华钩藤间断分布于华东与西北地区。以中南和西南地区分布的种类最多，其中依次为广西和云南各12种，广东8种，四川和贵州各6种，湖北与湖南及海南各2种，西藏1种；华东地区为2种，西北地区仅1种；东北及华北地区未见分布。

我国钩藤广泛分布于北纬34°以南的地区。全属14种除线萼钩藤特产于台湾外，几乎全都集中于中南及与之接壤的西南地区。其中钩藤、华钩藤、攀茎钩藤、毛钩藤、大叶钩藤等种类在上述区域分布广泛，且在局部地区成为植被的优势种或主要伴生植物。但是亦有不少种类分布范围狭窄，如云南钩藤仅见于云南；侯钩藤仅分布于广东和广西；披针叶钩藤及膜叶钩藤等则仅产于广西及云南（表2–1）。

表2–1　钩藤属植物的品种及分布

中文名	学名	分布
钩藤	*U. rhynchophylla*（Miq.）Miq. ex Havil.	广东、广西、云南、四川、福建、江西、湖南、湖北、贵州、浙江、安徽
华钩藤	*U. sinensis*（Oliv.）Havil.	广西、湖北、四川、湖南、贵州、云南、陕西、甘肃
大叶钩藤	*U.* macro*phylla* Wall.	广东、广西、云南、海南、四川
白钩藤	*U. sessilifructus* Roxb.	广西、云南、广东
毛钩藤	*U. hirsuta* Havil.	台湾、福建、广东、广西、贵州

续表

中文名	学名	分布
披针叶钩藤	*U. lancifolia* Hutchins.	云南、广西及广东
攀茎钩藤	*U.scandens*（Smith.）Hutchins.	云南、贵州、广东、广西、海南、四川
平滑钩藤（光钩藤）	*U. laevigata* Wall. ex G. Don	云南、广西、广东
东京钩藤	*U. tonkinensis* Havil	云南、广西
膜叶钩藤	*U.membranifolis* How	云南、广西
王氏钩藤	*U. wangii* How	云南、广西、广东、四川、贵州
侯钩藤（类钩藤）	*U. rhynchophylloides* How	广西、广东
云南钩藤	*U. yunnanensis* K. C. Hsia	云南

（2）垂直分布　钩藤属大多数种类分布在海拔600～1400m的山地，云南钩藤、侯钩藤及膜叶钩藤分布在海拔1000m以下中、低山地区，华钩藤在滇西北之贡山分布上可达海拔2900m。从种类的分布上显示不出种类随海拔升高而增多，或随海拔降低而减少的规律（表2-2）。

表2-2 国产钩藤属药用植物的种类及地理分布

原植物	华东							华中			西南					华南			西北				特区	垂直分布（m）
	上海	江苏	浙江	安徽	福建	江西	山东	河南	湖北	湖南	重庆	四川	贵州	云南	西藏	广西	广东	海南	陕西	甘肃	青海	宁夏	台湾	
钩藤			+	+	+	+			+	+		+	+	+		+	+							500～1000
华钩藤									+	+		+		+		+			+	+				800～2900
毛钩藤					+								+			+	+						+	500～800
大叶钩藤												+		+		+	+	+						150～1500
白钩藤														+		+	+							600～1600
披针叶钩藤														+		+	+							670～1900
攀茎钩藤												+	+	+		+	+	+						600～1650
平滑钩藤														+		+	+							480～1100
东京钩藤														+		+								1200～1500
膜叶钩藤														+		+								低、中海拔
王氏钩藤												+	+	+		+	+							800～1800
侯钩藤																+	+							低海拔
云南钩藤														+										350～800

综上所述根据收集到的文献资料记载，钩藤植物的地理分布应在北纬34°以南的地区，主要生于山谷、溪边的疏林中。自古至今，钩藤资源的利用，是逐渐向南发展，由于地理分布的不同，而逐渐扩大了不同种的利用。

2. 广西钩藤属植物的地理分布

2012年黄瑞松等采用文献查阅和野外调查相结合的方法，对涉及广西钩藤属植物的有关文献，如《中国植物志》《广西植物名录》《广西中药资源名录》和《广西药用植物名录》等资料进行了查阅，查阅广西中医药研究院及广西民族医药研究院标本室钩藤属的蜡叶标本以及到广西境内14个市45个县（或区）63个乡镇进行野外调查，发现广西壮族自治区境内钩藤属植物共有10种。钩藤属在广西主要分布在桂西、桂北、桂中等地区，其中以大叶钩藤、无柄果钩藤、钩藤、毛钩藤、攀茎钩藤、侯钩藤等为优势品种（表2-3）。

表2-3　广西钩藤属植物的品种及分布

序号	品种	分布
1	大叶钩藤（水泡木）*U. macrophylla* Wall.	南宁、邕宁、上林、隆安、龙州、宁明、崇左、上思、浦北、凭祥、东兰、防城、平果、百色、靖西、那坡、凌云、田林、巴马、大新、博白
2	华钩藤*U. sinensis*（Oliv.）Havil.	桂林、灵川、全州、上思、靖西、凌云、融安、融水
3	无柄果钩藤（白钩藤）*U. sessilifructus* Roxb.	南宁、崇左、龙州、宁明、凭祥、扶绥、百色、那坡、大新、上思、天峨

续表

序号	品种	分布
4	平滑钩藤（双钩藤）*U. laevigata* Wall. ex G. Don	那坡、龙州
5	倒挂金钩（披针叶钩藤）*U. lancifolia* Hutchins.	融水、上林、靖西、德保、那坡
6	侯钩藤（假钩藤）*U. rhynchophylloides* How	南宁、横县、宁明、钦州、浦北、合浦、上思、融水、梧州、博白、昭平、德保
7	钩藤*U. rhynchophylla*（Miq.）Miq. ex Havil.	贺州、昭平、苍梧、永福、临桂、资源、兴安、全州、灵川、龙胜、荔浦、恭城、象州、鹿寨、融水、融安、三江、金秀、容县、环江、南丹、凤山、百色、凌云、乐业、靖西、那坡、德保、武鸣、上思、防城等全区各地
8	毛钩藤*U. hirsuta* Havil.	南宁、隆安、马山、龙州、宁明、凭祥、大新、平南、桂平、武宣、融水、巴马、罗城、环江、德保、靖西、田林、西林、隆林、金秀、容县
9	攀茎钩藤*U. scandens*（Smith.）Hutchins.	东兰、凤山、上林、崇左、凭祥、龙州、宁明、南宁、邕宁、横县、上思、平南、桂平、昭平、靖西、田林、西林、隆林
10	北越钩藤（印支钩藤）*U. homomalla* Miq.	隆安、上林、宁明、龙州、凭祥、东兰、宜州、昭平、隆林、靖西、那坡、德保

（1）水平分布　广西全区各地均有钩藤属植物分布，但资源分布的种类、数量和密度有较大区别，其分布的主要特点是属间分布范围极广，但每个种分布范围不同，有些种分布范围较广，如钩藤、大叶钩藤等种类在全区各地都有分布，而且数量较大；无柄果钩藤、毛钩藤、攀茎钩藤则在桂南、桂西分布较多，数量也较大；有些种类分布地域较窄，如华钩藤仅在桂北地区个别县采集到样品，平滑钩藤则仅记载在桂西个别县有分布，数量都不是很多。其他种如

倒挂金钩、北越钩藤等种类分布的地域也较窄，数量也不多。

（2）垂直分布　钩藤属植物在广西主要分布于海拔20～1400m，其中钩藤、北越钩藤、攀茎钩藤分布的海拔高度变化的幅度较大，中、低海拔均有分布，其他品种分布的海拔幅度变化较小。

四、生态适宜分布区域与适宜种植区域

对广西不同产地的钩藤中钩藤碱和异钩藤碱的含量进行分析发现，广西各产地钩藤药材中钩藤碱含量不同，整体从北向南呈递减趋势。钩藤中钩藤碱和异钩藤碱含量桂西北的普遍比桂东南的高，因此我们认为广西的桂西北的来宾、柳州、桂林、百色、河池等地为钩藤的适宜种植区。梁平等利用黔东南州16个气象观测站1961—2007年气温、降水、日照等相关气象资料，根据经纬度和海拔高度采用回归方法计算出钩藤种植基地剑河县关口农场的相关气象要素值，对钩藤旺盛生长期、开花期（最佳采收期）的气温、降雨、日照进行分析，同时分析了影响钩藤生产的主要灾害性天气。结论表明：剑河县关口农场适宜的气温条件，使钩藤约有60天的旺长期、近90天的开花期和最佳采收期；自然降雨分配合理，是生产优质、高产钩藤的保障；日照时数对生长在山谷疏林中的钩藤影响不大。研究结果认为钩藤的黔东南州是钩藤适宜生长的种植区。

第3章

钩藤栽培技术

一、繁殖技术

（一）繁殖材料

主要包括种子、插穗、茎段、芽等。

（二）繁殖方式

1. 种子繁殖

（1）种子的采集、脱粒及贮藏　10月下旬，果实开始进入成熟期。采收成熟的果实放置在通风干燥的地方或在太阳光下曝晒，并经常翻动直到蒴果开裂，用细棒或细枝轻轻拍打，使种子从蒴果内脱落出来，用3mm的细筛将种子筛出，晒干后用塑料袋密封干藏。

（2）种子的预处理　将成熟干燥的种子与湿度为60%的沙子按质量比为2∶1的比例混合，揉搓20分钟，再用透气布袋包装好放置温度为-2℃的冰柜冷冻保存。

（3）苗床的选地与整地　选择土壤含水率为40%、土壤pH值为7的山地作为钩藤的苗床；将选好的山地按宽为1.2m的规格进行开畦，同时在所述畦的四周开有规格为宽25cm、深10cm的排水沟；然后整平畦的表面，并进行杀菌消毒。

（4）播种　当苗床地面温度达到10℃时，在畦的表面上方45cm的高度进行均匀的播种；播完种后，搭建遮阴棚，使其透光率为65%。

（5）日常管理　不定期进行松土除草，保持土壤疏松、无杂草；及时浇水，保持土壤的含水率为40%；及时防治虫害，减少钩藤幼苗的虫害。

（6）移栽　当钩藤幼苗长到高度为5cm时，按15cm × 15cm的密度进行第一次移栽；当钩藤幼苗长到高度为30cm时，按规格为150cm × 150cm的密度进行第二次移栽，同时按每亩40kg的量施加磷肥，当钩藤苗出现缺肥现象的时候，用农家肥和复合肥进行追肥（图3–1、图3–2）。

图3–1　钩藤种子繁殖

图3–2　钩藤苗

2. 扦插繁殖

（1）苗圃选址与建设　①苗圃选址：选地势平缓，排水良好，光照充足，水源方便，土层深厚（>30cm），土质肥沃疏松，交通方便的地段。②苗圃分区：按功能划分为采穗圃、扦插育苗区、出圃区等区域。各区的布置应以满足育苗生产工艺流程需要、方便作业为原则。采穗圃、扦插育苗区的面积视产量需要而定，按1：3的比例设计为宜。③苗圃建立：土壤经深翻，除去杂草，平整细耙后，每亩施发酵好的农家肥1000kg、复合肥10kg作为基肥，按宽1.2～1.5m、高15～20cm的规格起畦，再用过筛的黄心土或砂壤土铺于苗床面；最后用50%多菌灵可湿性粉剂兑水成0.2%的溶液对土壤喷施消毒。每畦用竹片和透明塑料薄膜搭建高约60cm的拱棚，苗床四周搭架高约2m的棚，棚顶用遮光度为70%的活动遮阴网控制光照。

（2）扦插品种　为钩藤（*U. rhynchophylla*）、大叶钩藤（*U. macrophylla*）。

（3）材料处理　①插穗：3月初，选取二年生中上部健壮、半木质化、无病虫害的带芽枝条，每段带壮健芽2～3个，基部切口削平或略带斜口，每20段枝条整齐捆成一扎。②消毒：将插穗用0.2%多菌灵溶液浸泡20分钟。③生根处理：将插穗基部用200mg/L 的NAA溶液或浓度为600mg/L的ABT生根粉1号溶液浸泡5分钟，浸泡液面高度高于切口1cm。④扦插方法：株距15cm，行距20cm。先用竹签（粗3～4mm）或自制打孔板打孔，深5～7cm。将插穗基部垂直插入，并用手轻轻捏压基部，使插穗与插壤密切接触（图3-3）。

图3-3　钩藤扦插繁殖

（4）扦插苗管理　①温度控制：在25～30℃。②湿度控制：插穗生根之前，湿度控制在75%～85%；生根后，逐渐将拱棚的薄膜打开，减少喷水量，湿度控制50%左右；旱时及时浇水，雨季及时排除积水。③光照控制：插穗生根之前，光照强度为1000～1500lx。生根后，光照强度为2000～2500lx。④病虫害防治：农药使用符合GB/T 4285及GB/T 8321要求。扦插苗圃属于高温高湿环境，病虫害容易发生。插穗生根前，每隔5～7天喷施50%多菌灵可湿性粉剂1000倍液一次。⑤追肥：已生根和抽出新芽的苗株，每株可放缓释肥5～6粒。当新枝长出到2～3cm，可施尿素一次，每亩用量8～10kg。肥料使用符合NY/T 496要求。

（5）出圃　①起苗时间：次年2～3月苗木发芽萌动前。②起苗要求：起苗要达到一定深度，做到少伤根，保持根系完整和不折断苗干。起苗后立即在荫蔽无风处按苗木大小分级、选苗、统计产量。③包装和运输：为防止品种混杂，苗木出圃时需在明显处挂标签，注明品种名称、级别、数量、出圃日期，如一车同时装运两个品种，应按品种先后装车，并做出明显区别标志。填写标签时应该用不脱色的记号笔填写。苗木运输应按鲜活物运输的规定执行。苗木长距离运输时，要采用草帘、篷布覆盖，用沾泥浆、吸湿剂等措施确保根部不失水。符合GB 15569要求。④定植或假植：若苗不能及时运出，需在荫蔽背风处临时妥善假植，运到目的地后，苗木需置于阴凉处，及早定植或假植。

（6）档案管理　苗圃档案要专人记载，年终系统整理，负责人审查存档，长期保存。

3. 组织培养繁殖

（1）接种材料　将取回的外植体去叶去柄，消毒的材料长度以上下端离钩为1～2cm的茎段、芽，先用75%的乙醇擦洗表面，按材料的不同生理状态分类处理：用0.1%的升汞溶液加适量的吐温80浸泡5分钟。再用无菌水冲洗5次；在超净工作台上用无菌的滤纸吸干外植体表面的水分，将外植体切成1cm左右长的小段，接到初代培养基上。约12天出芽，等新芽长到2～3cm时切下转接到增殖培养基中进行扩繁，最后将繁殖的苗转入生根培养基中诱导不定根，培育出完整植株（图3-4）。

图3-4　钩藤组培繁殖

（2）选择培养基　①初代培养基：MS + 6-BA 0.2mg/L + NAA 0.1mg/L + IBA 0.2mg/L；②增殖培养基：MS + 6-BA 2.0mg/L + NAA 0.2mg/L；③生根培养基：1/2MS + NAA 2.0mg/L + 0.03%活性炭。培养基pH=5.8，糖浓度为3%，琼脂浓度0.5%。

（3）炼苗移栽基质　炼苗移栽最适合的基质配方是塘泥：育苗土：蛭石

体积比为2∶1∶1的基质。由于钩藤组培苗根系较弱小，移栽后要保持土壤湿润。

（三）种苗质量要求

1. 种苗质量要求

（1）实生苗　实生苗的质量要求见表3–1。

表3–1　实生苗质量要求

项目		指标	
		一级	二级
株高（≥cm）		50.00	30.00
茎粗（≥cm）		0.7	0.4
根	根长（≥cm）	25.00	15.00
	根粗（≥cm）	0.30	0.20
芽		饱满	基本饱满
病虫害		无检疫对象	—
外观		整批外观整齐、均匀，枝芽完好，根系完整、无损伤	整批外观基本整齐、均匀，枝芽完好，根系损伤率小于95%
起苗后处理		去除枯枝残叶和老根、病根，并经多菌灵等药物处理，用药量应符合GB/T 8321（所有部分）要求	
起苗时间		一般每年2～4月为适宜起苗期，其他时间需带土团起苗	

（2）扦插苗　扦插苗的质量要求见表3–2。

表3-2　扦插苗质量要求

项目		指标 一级	指标 二级
梢长（≥cm）		40.00	30.00
茎粗（≥cm）		0.5	0.3
根	根长（≥cm）	20.00	10.00
根	根粗（≥cm）	0.2	0.1
芽		饱满	基本饱满
病虫害		无检疫对象	—
外观		整批外观整齐、均匀，枝芽完好，根系完整、无损伤	整批外观基本整齐、均匀，枝芽完好，根系损伤率小于95%
起苗后处理		去除枯枝残叶和老根、病根，并经多菌灵等药物处理，用药量应符合GB/T 8321（所有部分）要求	
起苗时间		一般每年2～4月为适宜起苗期，其他时间需带土团起苗	

（3）组培苗　组培苗的质量要求见表3-3。

表3-3　组培苗质量要求

项目		指标 一级	指标 二级
苗高（≥cm）		20.00	10.00
茎粗（≥cm）		0.30	0.15
根	根长（≥cm）	15.00	10.00
根	根粗（≥cm）	0.2	0.10
芽		饱满	基本饱满
病虫害		无检疫对象	—

续表

项目	指标	
	一级	二级
外观	整批外观整齐、均匀，枝芽完好，根系完整、无损伤	整批外观基本整齐、均匀，枝芽完好，根系损伤率小于95%
起苗后处理	去除枯枝残叶和老根、病根，并经多菌灵等药物处理，用药量应符合GB/T 8321（所有部分）要求	
起苗时间	一般每年2～4月为适宜起苗期，其他时间需带土团起苗	

2. 种苗检测方式

（1）测量工具　用精度为0.1mm的量具进行。

（2）苗木检疫　按照GB 15569进行。

（3）外观　以感官进行鉴别。

3. 检验规则

（1）种苗检验在苗圃中进行。

（2）每批（同一产地、同一品种）出圃的种苗均应由生产商按照本标准质量要求中所列项目进行验证，检验合格后方可定级出售。如有一项主要指标不合格即判被检个体不合格。

（3）检验采用随机抽样的方法进行。999株以下的种苗按照10%比例抽取；超过1000株（含）的部分按2%比例抽取。

（4）质量技术监督部门和行业行政主管部门应委派具有资质的检验人员对

生产商自检合格待售的种苗进行抽样检查。

（5）供需双方发生质量纠纷时，由质量技术监督部门进行仲裁。

4. 标志、包装、运输、贮存

（1）标志　种苗外包装上应有清晰、牢固的标识，标识的内容包括：生产单位、地址、品种名称、质量等级、执行标准号、数量、装箱日期等。包装箱外开通风透气孔，箱内附有种苗质量检验合格证书。合格证书上标明下列内容：品种名称、株数、等级、包装日期、生产单位、检验员等。

（2）包装　种苗以50株扎成一捆。根部采用保湿措施并加以包装。

（3）运输　苗木在装运时，应有序叠放，不能过度挤压、随意堆叠；长途运输应有防风、防晒、防雨措施；向外调运应附有检疫证书。

（4）贮存　常温下可贮存2～3天。起苗后的苗木未能及时定植的，应进行假植。在有保湿措施的条件下，假植时间不得超过5天。

二、栽培技术

（一）整地定植

1. 整地

（1）清理　把种植地块上的杂物清除掉，一般采用火烧清理或人工清除。

（2）挖穴规格　在定植前按株行距（1.5～1.7）m×1.8m，穴内规格长、宽、深均为50cm。

（3）施肥　底肥施用量每穴施腐熟厩肥2kg、专用复合肥0.15kg，并与土混匀施入穴中，覆土稍高于原地面。

2. 定植

（1）苗木要求　苗木必须根系完整，每株根5～10条，根粗4～5mm，茎粗12～20mm，无病虫害，无机械损伤，苗木新鲜，苗芽鲜活。

（2）种植时间　每年的2～3月或10～12月，选择阴天或雨后移栽。

（3）定植方法　定植幼苗高50～100cm时即可定植，苗高40cm处截干利于定植，保持苗芽。定植前适当控水，进行蹲苗。取苗时如遇苗床干燥，须先行浇水，使土壤湿润松软，便于起苗，带土移栽者，成活率更高。定植时先在原来的穴中间挖小穴，穴长、宽、深以苗根系能在穴中自然舒展为度，栽时每穴1株，扶正苗木，用熟土覆盖根系，当土填至穴深1/2时，将苗木轻轻往上提一下，以利根系舒展，再填土满穴，踏实土壤，浇定根水。

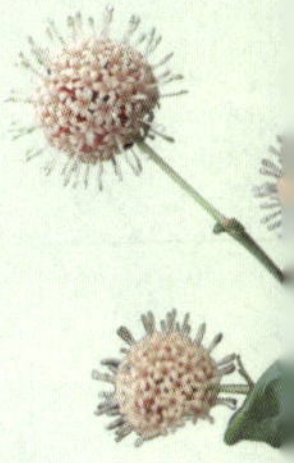

（二）田间管理

（1）补苗　移栽后及时检查，发现缺苗或死苗应及时补栽。

（2）追肥　定植返青后，每株施尿素0.05kg，以后每年春季再追施1次复合肥，每株0.1kg。冬季施腐熟的猪牛粪适量，施肥时先在植株根旁挖小穴，放入肥料后培土。

（3）除草　种植后1～2年内植株分枝少，株间易生杂草，土壤板结，每年在春秋各进行1次除草和松土，夏季用农达除草剂喷施。3年后植株枝繁叶茂，每年除2次草，第1次在春季，进行除草中耕时，将植株四周的杂草用锄头除去后，抖尽泥土，覆盖于钩藤的根部，保持水分。第2次在夏季用农达除草剂喷施，喷头要带护罩，避免伤钩藤植株（图3-5）。

图3-5　钩藤除草

（4）修剪打顶　第1年钩藤长至1.5m时，用镰刀及时打顶，使钩藤多分枝。3年产钩后，每年在采收时，对茎蔓约留60cm长短截，促使剪口萌发更多的健壮新梢，以提高产量。

（三）常见病虫害防治技术

1. 防治原则

钩藤的病虫害防治应该遵循“预防为主，综合防治”的原则，通过选育抗病性强的品种、有性无性繁殖种苗复壮、加强田间管理、科学施肥等措施，综合利用生态防治、生物防治、配合科学合理的化学防治，将病虫害控制在允许范围内。农药优先选择生物农药，其次选用化学农药，防治时应有限制地使用高效、低毒、低残留的农药，并严格控制浓度、用量、施用次数，安全使用间隔期遵守国家标准GB 8321.1–7，没有标明农药安全间隔期的品种，收获前30天停止使用，执行其中残留量最大有效成分的安全间隔期。

2. 防治措施

（1）生态防治　①培育无毒种苗：种子经过-2℃处理一定时间后播种，培育出不带病毒的实生苗，或将插穗用0.2%多菌灵溶液浸泡20分钟，然后再进行扦插繁殖，培育出无病毒的扦插苗，或用茎段、芽组织培养，培养无毒苗。②选择无病株进行种植：种苗出现病害后，及时清除病残体，集中烧毁或深埋。③加强田间管理：开沟排水、中耕除草、降低田间湿度，发现病叶、枝条及时摘除；及时铲除行间杂草，促进田间空气流通，增强光合作用，抑制病原菌的萌发、滋生和传播。④合理施肥：施足底肥，增施磷、钾肥，培育壮苗，增强抗病力。

（2）生物防治　是利用生物及其代谢产物控制病原体，防治植物病虫害。主要有以虫治虫、以菌治虫、以菌治菌等方式。用白僵菌可以防治蛴螬、蝗虫、马铃薯甲虫、蚜虫、叶蝉、飞虱、多种鳞翅目幼虫；用木霉防治土传病害根腐病；黑光灯诱杀普遍的虫；可以在园内放养觅食活动能力强的土鸡，通过鸡寻食害虫、啄食杂草的能力，控制害虫和杂草的危害。鸡粪还可以补充土壤肥力，给中药材供给养分。

（3）化学防治　钩藤的病虫害主要有根腐病、蛀心虫、蚜虫及毛虫。①根腐病：多发生在苗期，受害后，幼苗根部皮层和侧根腐烂，茎叶枯死。防治方法：开沟排水，防止苗床积水。发现病株及时拔除销毁，病穴用石灰消毒或用50%多菌灵1500倍液全面浇洒，以防蔓延。②蚜虫：4月幼苗长出嫩叶时发生，7、8月害植株顶部嫩茎叶，可用10%吡虫啉3000倍液防治。③蛀心虫：幼虫蛀入茎内咬坏组织，中断水分养料的运输，致使顶部逐渐萎蔫下垂。防治方法：发现植株顶部有萎蔫现象，应及时剪除，从蛀孔中找出幼虫灭之，发现心叶变黑或成虫盛发期，可用95%敌百虫1000倍液喷杀。④毛虫：6月成虫危害，可将新发茎枝叶片吃光，影响产量。发生时可人工捕杀或用50%敌敌畏1000倍液喷杀。⑤黑绒金龟子：5～6月成虫将初发新叶咬成孔洞，可用20%甲氰菊酯3000倍液喷杀。

三、采收与产地加工技术

（一）采收

以栽后2～3年，在春季发芽前或秋后嫩枝已长老时采收。采收时将带有钩的枝茎剪下，运回加工（图3-6、图3-7）。

图3-6　采收后的药材

图3-7　初加工后的药材

（二）产地加工

1. 直接晒干

采回后，除去叶，从钩的上下部分，逐一剪开，晒干即得（图3-8）。

图3-8　加工后的药材

2. 蒸后晒干

为了其皮色泽油润光滑，需上

锅加热蒸后或密闭发汗，使颜色紫红，再晒干用剪刀在着生钩的两头平齐或稍长剪下，每段长3cm左右，晒干或蒸后晒干。

3. 烘干

采回后，除去叶，从钩的上下部分，逐一剪开，每段长3cm左右，放入烘箱中于40～45℃烘干。

第4章

钩藤特色适宜技术

一、钩藤林下种植技术

1. 种植材料

以优选出的钩藤优良株系为种植材料。

2. 抚育场地的选择

在钩藤的原生境下，在山区或丘陵山区选择高大又较稀疏而土层比较深厚的树林下进行种植（图4–1）。

3. 种苗类型及规格

应选无病害钩藤种苗，根粗壮，根不宜过长，以25cm左右为宜（图4–2）。

图4–1　钩藤林下种植基地

图4–2　钩藤种苗

4. 种植

（1）清林　把林下的杂灌林清除掉，对于过密的树林要除掉一些枝条，使遮阴率在50%以下。

（2）整地 翻耕土地、南北方向打畦，畦高30cm左右，宽80cm，畦距30cm。畦面中部挖穴，深度30cm左右。

（3）种植 种植密度为1m×1.5m，撒入适当的复合肥和有机肥，覆盖泥土踩实，浇透定根水即可。春、秋季均可种植。

5. 田间管理

存活后进行人工除草松土，可施少量复合肥催苗。为了保证质量（药效），禁用除草剂，少用化肥。

6. 控制光照强度

光照不够，钩藤生长会陡长，致使钩藤药材产量低。在春末、夏季、秋初及时清除多余的树枝，提高光照强度，以利钩藤生长，提高产量。使钩藤药材高产的关键是在控制好光照强度同时，保证遮阴度在50%以下。

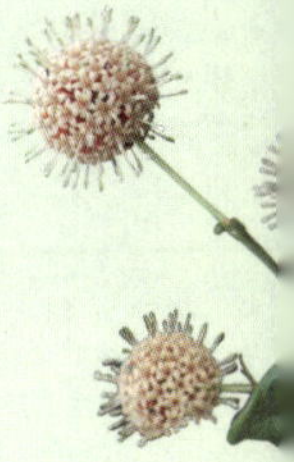

7. 补肥

钩藤生长一年后，在每年的春秋季结合中耕除草每亩施12.5kg复合肥和100kg有机肥。

8. 病虫害防治

在野生钩藤抚育过程中，以白粉病和蚜虫为害较重。白粉病是野生钩藤的主要病害，多在4月下旬到7月上旬发生危害。防治：①抚育中，除草提高通透性能；②喷0.2%的磷酸二氢钾，提高肥力；③发病初期，用75%百菌清可湿性粉剂500倍加8%百奋微乳剂1000倍喷雾防治，每隔7天喷1次，连喷2～3次；④25%粉锈通（三唑酮）可湿性粉剂和绿亨叶康（叶面肥）每隔10天喷洒1次，共喷2次。蚜虫主要发生在秋天干旱季节，主要危害嫩叶，用12%路路通乳油1000倍加70%艾美乐乳剂1000倍喷雾防治。

9. 采收后修剪

每年药材采收后将主茎离地面10～20cm处剪掉，集中在种植园外烧掉，待来年萌发更健壮的枝条。

二、钩藤与玉竹立体种植技术

（一）玉竹的种植方法

1. 选地与整地

玉竹适合生长在土质疏松、肥沃、排水性好的土地，它的生长土壤要求与钩藤非常近似，一般可在丘陵地区、缓坡地带种植。选好土地后，需在土壤中施生石灰约每亩100kg，同时需撒除草剂、地虫光每亩各200g，施足猪牛粪肥约每亩1500kg作基肥。然后深翻土壤，至少约翻30cm深度，做完除草暴晒工作，将土地耙细、耙平，完成分厢的工作（要求每厢厢面宽100～130cm，沟宽30～40cm，沟深15～20cm）。在整地过程中，暴晒土壤的环节不能轻忽，如果不能彻底暴晒土壤，会影响玉竹的产量。

2. 选种与栽培

选种要求为选择健壮的、无病虫害的、没有受过物理损伤的玉竹。种植期应在9月底之前，种植时宜选择晴天，下种前需先做好消毒杀菌工作，一般可选用甲基托布津按常规浓度稀释，浸泡玉竹5分钟左右。可使用平排法或斜排法种植玉竹苗。目前玉竹种植以斜排法为主，这是一种把茎有顶芽的一面朝上，将尾部略斜插入土中的种植方法。玉竹苗的栽插密度应为30cm × 10cm，栽插深度为8cm左右。插苗完毕盖土后要用稻草、茅草等天然纤维物覆盖，覆盖厚度为7cm左右，然后在纤维物上覆盖薄土。

3. 施肥与除草

玉竹在生长时，需要大量的肥料，尤其需要大量的钾肥。施肥时需用少量施、多次施的原则，这是由于一次性施加大量的肥料易使土壤产生病虫害。在玉竹生长期内，至少要施两次肥料。一次为下苗时施肥，另一次为第二年枯苗后，拔除枯苗杂草施腐熟猪牛粪肥，要求每亩施1200kg左右，然后继续覆盖天然纤维物与薄土。如果玉竹生长发育较缓，可在清明节后再施一次猪牛粪肥。施肥时要做好排水工作，以免玉竹根浸泡在水中出现沤根。要提高玉竹的质量与产量，需作好除草工作。目前可用人工与化学物相结合的方法除草。待玉竹苗长出后，可用专用的玉竹除草剂完成除草工作。使用人工除草时，要用手拔，而不能用铁器铲除，以免铁器挖伤玉竹苗根。在施肥与除草时，需注意不能伤到玉竹苗根。

4. 防涝与抗旱

玉竹在成长时，对排水有很高的要求，沤根、烂根、烂叶是排水不良常造成的现象，适合玉竹生长的土地一般不会出现旱灾。

5. 病虫害防治

只要在整地时按规定使用过地虫光，就不会出现特殊的虫害，亦可用黑光灯诱杀普遍的虫害。玉竹苗主要会出现褐斑病与褐腐病。这就要做好以下三个方面的工作：①选择适合的土地，在种植以前要彻底清除以前的农作物。②在整地前，施加的药水需保证浓度。③新苗成长时，可选择甲基托布津做好喷洒预防工作。

（二）钩藤的种植方法

1. 选地

适合钩藤种植的土地为质松、地软、肥沃的砂质土壤，它适合种在玉竹边，特别是田边、地角等处，也可在玉竹种植完后套种。

2. 栽培与繁殖

钩藤可用多种繁殖方法。若使用种子繁殖法，可在秋季整地，在地畦上开15cm宽的横沟，沟深约5cm，沟内施粪水，将种子撒入沟内，盖上草木灰，厚度约为3cm，然后表面撒上细肥土，种子繁殖的苗约两年后可移栽定植。若使用分株繁殖，可在原钩藤上将根挖伤，催使伤口上生出不定芽，待伤口生出新枝后，连新苗带根块一起切取，另作栽培。若使用扦插繁殖，可在3月期间选取二年生带芽的枝条，选取每节带壮芽苗3个左右的枝条，剪好即插，要求扦插株距为16cm左右，一年后可栽培定植。栽培定植前需整地，可按行距3m、株距2m左右开穴，穴径为40cm，穴深约30cm，穴中需施腐烂的猪粪作为基肥，将钩藤苗植入穴中，施好猪粪肥与土肥，粪土需盖过根部，然后压实土壤，灌溉水。

3. 田间的管理

待移栽成活后，需每隔一个月施浇稀薄的人畜粪水，在种植期间，要做好除草、清理等工作。待入秋，要适时除去枯枝、病枝。秋季需至少浇一次稀薄的人畜粪水。入冬时，需施腐烂的猪粪肥，然后覆盖细土。

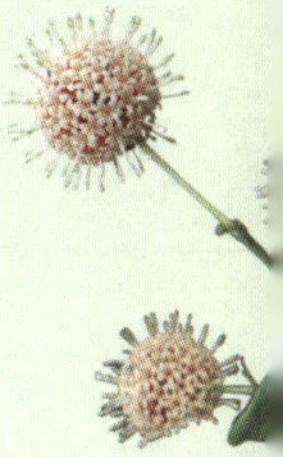

4. 病虫害防治

钩藤在种植期间易诱发根腐病，防治根腐病的方法为通风、防积水。如已出现根腐病苗，需立即将苗拔除销毁，病穴可用50%的多菌灵溶液，稀释2500倍消毒，也可用石灰消毒，做好消毒工作可防止病情漫延。蚜虫与蛀心虫是钩藤易发的虫害，可用克蚜威杀灭蚜虫，用95%敌百虫稀释1000倍的溶液杀灭蛀心虫。

5. 采收与加工

钩藤药材需在秋、冬两季采收，在去除枯枝与病枝后，以传统的蒸、烫等方法炮制钩藤，加工的要点为保留生物碱的特性。

（三）钩藤与玉竹立体种植技术的综合优势

1. 立体种植的自然优势

玉竹不能连种，如果连种就会出现产量下降的现象。若将玉竹与钩藤套种或间种，能够有效地利用地力，使土壤得到最有效的利用。

2. 一地双收的经济优势

如果在种植玉竹时，套种或间种钩藤，可开展一地双收的农业经济项目。经统计，玉竹每亩产收入3800元，若以玉竹生长期为3年计，其每亩可得年经济收入约4千元。钩藤每千克价格为5元，而每亩地可产钩藤约2000kg。若以一地双收的方式种植，农民可得到极大的经济效益。

3. 国际推广的品牌优势

若将种植的玉竹与钩藤推广至国际市场，可得到更高的品牌效应。比如玉竹钩藤汤是一道著名的中药方剂，具有滋阴潜阳、开窍化痰的作用。对于精神类的疾病有很好的疗效。若使用立体种植，共同推广，可形成品牌效应。玉竹的种植特征，使它不能连种，若与同为中药材的钩藤一起套种、间种，完成立体种植技术，将能在种植上、收入上、品牌上体现出巨大的综合优势。

第5章

钩藤药材质量评价

一、本草考证与道地沿革

（一）本草考证

钩藤（古时多称之为“钓藤”）始载于梁代陶弘景所著的《名医别录》，列为下品，最早记载了钩藤的功效：“钓藤，微寒、无毒，主小儿寒热，十二惊痫”。唐代的《新修本草》记载：“出梁州，叶细长，茎间有刺，形若钓钩者”。梁州即今陕西汉中一带，出现了产地和植物形态的描述。明清时期对钩藤的记载较多，明《本草纲目》云：“钓藤，其刺曲如钓钩，故名。或作吊，从简耳。状如葡萄藤而有钩，紫色。古方多用皮，后世多用钩，取其力锐尔”。明《本草品汇精要》记载了钩藤采收时间、加工方法、药用部位及性味等；明《本草原始》首次出现“钩藤”的名称：“原出梁州，今秦中兴元府有之，叶细长，茎间有刺若钓钩，故名钓钩。亦作吊藤，从简耳，俗呼钩藤”。明《本草汇言》对其性味归经进行了记载：“味苦，微甘，气平，无毒，入手足厥阴经药也”。清《本草丛新》对钩藤品质、功效及用法记载比较详细：“甘微、苦寒。除心热、平肝风、舒筋除眩、下气宽中。治大人头旋目眩、小儿惊啼瘈（筋急而缩为瘈、筋缓而舒为 、伸缩不已为瘈、今谓之搐搦），客忤胎风，发斑疹，主肝风相火之病，风静火息，则诸证自平（相火散行于胆、三焦、心包），祛肝风而不燥，庶几中和，故小儿科珍之。但性稍寒，无火者勿服。有刺类钓钩，

故名。藤细多钩者良（去梗，纯用嫩钩，其功十倍）。久煎则无力（俟他药煎就，方入钩藤，一二沸即起，颇得力也。圣惠方，治卒得痫疾，钩藤、炙甘草各二钱，水煎服，效）”。清《植物名实图考》对钩藤植物形态、产地及繁殖特性有了详细的描述：“钩藤或作钓钩，以其钩曲如针钓也，江西、湖南山中有之，插茎即生，茎叶俱绿”。《本草述校注》：“钩藤之所以得名者，以其刺曲如钩也”。

从古籍图、文可以看出钩藤来源于茜草科钩藤属植物，本草中所描述钩藤都具有钩藤属植物的共有特征，但仔细分析又各有不同，说明自古以来钩藤原植物不止一种。结合产地分析，过去产地多为我国西南、中南地区而现今产地逐渐向南扩大，并因不同种钩藤的地理分布不同，逐渐扩大了不同种的应用。古时多以钓藤的名称出现，清朝后以钩藤的名称记载较多。因此，以上本草所言形态特征、产地等均与钩藤属植物相符。

（二）道地沿革

梁《本草经集注》中记载“钓藤……出建平”。唐《新修本草》中记载：“出梁州”。宋《图经本草》中记载“原出梁州，今秦中兴元府有之”。宋《本草衍义》曰：“湖南、湖北、江南、江西山中皆有之。”建平为今之四川巫山；梁州即今陕西汉中及四川一带；兴元府为陕西。明《本草品汇精要》：“【地】《图经》曰：《本经》不载所出州土，今梁州有之。陶隐居云：生建平。《衍义》

曰：湖南、湖北、江南、江西山中皆有之。道地：兴元府。”至清代《植物名实图考》除记载江西、湖南山中多有之外，尚引用《滇志》云“哑酒出镇雄州……哑酒一名钩藤酒”;《植物名实图考长编》引用《滇黔游记》中“钩藤出苍山，以之酿酒，名哑鲁麻”。由此可见钩藤的产地，历代本草记载甚多，分布范围也由北向南逐渐扩展。综上所述，钩藤产于湖南、湖北、四川、云南、广西、广东等省（自治区）。

二、药材性状与鉴别

（一）药材性状

1. 钩藤

本品茎枝呈圆柱形或类方柱形，长2～3cm，直径0.2～0.5cm。表面红棕色至紫红色者具细纵纹，光滑无毛；黄绿色至灰褐色者有的可见白色点状皮孔，被黄褐色柔毛。多数枝节上对生两个向下弯曲的钩（不育花序梗），或仅一侧有钩，另一侧为突起的疤痕；钩略扁或稍圆，先端细尖，基部较阔；钩基部的枝上可见叶柄脱落后的窝点状痕迹和环状的托叶痕。质坚韧，断面黄棕色，皮部纤维性，髓部黄白色或中空。

2. 大叶钩藤

本品茎枝近方柱形，断面髓部通常中空，偶有髓。两侧有较深的纵沟，直径3～7mm表面灰棕色至浅棕色，被褐色毛，节部及钩端明显。钩粗大，长可达3.5cm，向内深弯儿成半圆形，末端膨大成小球。

3. 白钩藤

本品茎枝略呈方柱形，四面均有一纵沟，表面黄棕色或棕褐色，有稀疏白毛，钩较扁，常向内深旋，基部扁平。钩较粗大，长至2.5cm。

4. 毛钩藤

本品茎方柱形或近圆柱形，钩较小，不超过2cm，茎有髓，不中空；表皮粗糙，呈灰白色或灰棕色，近圆柱形；节部及钩部可见淡黄色长粗毛。

5. 华钩藤

本品茎枝方柱形，四角有棱，直径2～5mm，黄绿色或黄棕色；钩长1～2cm，弯曲成长钩状；钩基部枝上常留有半圆形反转或不反转的托叶，基部扁阔；体轻，质松，断面髓部白色。

6. 披针叶钩藤

本品茎枝方柱形，具四棱，表面红褐色，有细纵纹，无毛。节处着生两个向下弯曲的钩，有时一个。

7. 北越钩藤

本品茎枝圆形，微有棱，表面褐色，有锈色短柔毛。节处着生两个向下弯曲的钩。质轻而韧，断面皮部纤维性，髓部疏松成海绵状，淡黄白色。

8. 攀茎钩藤

本品茎类方柱形或近圆柱形，表面棕黄色或棕红色；钩较小，不超过2cm，茎有髓，不中空；钩与茎着生众多柔毛。

9. 平滑钩藤

本品钩和茎枝纤细，毛较稀疏，钩长不过1.5cm，钩端稍膨大。

（二）药材鉴别

1. 显微鉴别

（1）钩藤　茎（直径3mm）横切面类圆形，皮层、韧皮部及木质部之比约为1∶1∶3。表皮细胞1列，外被略弯曲的角质层，无毛。皮层薄壁细胞含棕色内含物。中柱鞘纤维排列成较疏的断续环带。韧皮部纤维单个或成群散在，较中柱鞘纤维小，微木化。木质部导管常数个径向相连，于粉末鉴定中发现由具缘纹孔、螺纹、梯状网纹等导管及纤维、木薄壁细胞组成。皮层及韧皮部薄壁细胞含草酸钙砂晶及少量簇晶。淀粉粒细小，单粒直径约4μm，复粒由2～6个分粒组成，直径约7μm。

（2）华钩藤　茎（直径2.5nm）横切面四方形，四角具棱。皮层、韧皮层及木质部之比为1.2∶1∶2.4。皮层细胞表面观：角质层中间略隆起，无毛。韧皮部内纤维较少。皮层及韧皮部薄壁细胞内含草酸钙砂晶。解离组织可见表皮细胞的角质层中间隆起成四边形。

（3）大叶钩藤　茎（直径3mm）横切面四方形，两侧向内呈弧状突起。皮层、韧皮部及木部之比约为1∶1∶3.7。表皮角质层表面观有细纹理。表皮具单细胞及多细胞的非腺毛，解离组织中单细胞毛表面具疣状突起，长50～65μm；多细胞毛表面较平滑，由2～15个细胞组成，长70～874μm，显微镜下常可见螺纹状纹理。髓部中央有空隙。皮层内侧细胞含有细小草酸钙簇晶及砂晶。气孔突出，表面角质层具有条纹。

（4）毛钩藤　茎（直径3mm）横切面方形，皮层、韧皮部及木部之比约为1.3∶1∶2。角质层厚4～7μm，复表皮细胞2～5层，细胞排列整齐。外层表皮具单细胞及多细胞非腺毛。解离组织中，单细胞毛长133～678μm；多细胞毛由2～5个细胞组成，长388～882μm。皮层薄壁细胞含草酸钙砂晶。

（5）白钩藤　茎（直径3mm）横切面方形或类方形，木质部向内呈弧状突起，使髓部略呈十字形。皮层、韧皮部及木部之比约为1.2∶1∶3。角质层厚4～8μm，表面呈波状，表皮细胞外侧平周壁常稍向外突出，垂周壁延伸至两侧细胞，细胞略呈半圆形。解离组织中表皮毛多数为单细胞短角状非腺毛，表面有疣状突起，毛长20～50μm。多细胞毛较少，由3～5～7个细胞组成，长130～240μm。横切面观皮层有较多的大型含晶细胞，内含草酸钙簇晶及砂晶，簇晶较大，直接可达30μm。靠近韧皮部处有十余个成群石细胞，解离组织中窄长方形，长50～128μm，宽13～40μm。电镜下观察，角质层表面观呈波状，着生有短角状，表面具有平卧状的长毛。

（6）披针叶钩藤　茎（直径3mm）横切面四棱形，四角有突出的翅，皮层、韧皮部及木部之比为1∶1∶4。表面平滑无毛。表皮一列长圆形细胞紧密排列，内含棕色物质。表皮下方有2～6列厚角组织，皮层较窄，有2～3列，圆形细胞，细胞间隙明显。韧皮部较窄，细胞多角形，细小，有韧皮纤维断续排列成环状，形成层3～5列，断续成环，木质部导管数个径向相连，木射线宽1～3列细胞，髓部宽广，约占切面直径的3/5，外方的髓细胞较小，中间的细胞较大。无草酸钙结晶，在电镜下观察，表皮角质层呈长方形，多碎裂。

（7）攀茎钩藤　茎（3mm）横切面方形，两侧略凹。皮层、韧皮部与木部之比约为1∶1.7∶4.3。表皮具众多非腺毛及毛脱落后凸起的痕迹，表皮细胞平周壁略呈半圆形，直径较粗的茎有时可见到排列较整齐的二层复表皮。皮层细胞壁较厚。皮层及韧皮部薄壁细胞均含草酸钙砂晶。解离组织中可见众多非腺毛，以弯曲的多细胞毛较常见。单细胞毛长50～267μm；多细胞毛由2～10个细胞组成，长64～570μm，均含棕色内含物。另可见棕色内含物的毛基部细胞碎片。在扫描电镜下观察，表皮有众多细长而弯曲的柔毛。

（8）北越钩藤　茎类圆形，木栓层3～5列，类正方形细胞紧密排列，下方具有1～3列厚角组织，皮层较窄，仅有3～7列圆形细胞组成，间隙明显，近韧皮部侧有纤维束断续排列成环。韧皮部与木质部近等宽，韧皮细胞多角形，韧皮射线细胞长圆形，宽1列。形成层不明显。木质部导管数个连成直线径向排列，近髓部的导管较大，木射线宽1～3列。髓部较大，近正方形，约占切面的1/3，髓部细胞圆形，较大，间隙明显，近木质部有1～2列环髓厚角细胞。

（9）平滑钩藤　茎（直径3mm）横切面方形，两侧微凹。皮层、韧皮部及木质部之比为1：1.5：5。表皮细胞外着生有稀疏的非腺毛。表皮细胞方形，排列整齐，无色素。解离组织可见单细胞及多细胞毛，以单细胞毛为多见，单细胞毛末端常变成钩状，长50～254μm，多细胞毛2～4个细胞，少数可至7个，长140～343μm。扫描电镜下可见非腺毛直立，角状或长角状，末端稍弯曲。

2. 理化鉴别

取钩藤药材粉末2g，加入浓氨试液2ml，浸泡30分钟，加入三氯甲烷50ml，加热回流2小时，放冷，滤过，取滤液10ml，挥干，残渣加甲醇1ml使溶解，作为供试品溶液。另取异钩藤碱对照品，加甲醇制成每1ml含0.5mg的溶液，作为对照品溶液。照薄层色谱法（通则0502）试验，吸取供试品溶液10～20μl，对照品溶液5μl，分别点于同一硅胶G薄层板上，以石油醚（60～90℃）–丙酮（6：4）为展开剂，展开，取出，晾干，喷以改良碘化铋钾试液。供试品色谱中，在与对照品色谱相应的位置上，显相同颜色的斑点。

3. 高效液相色谱指纹图谱鉴别

（1）色谱条件　仪器：Waters 2695高效液相色谱仪、Waters 2996二极管阵列检测器；色谱柱：Platisil ODS–RP色谱柱（250mm × 4.6mm，5μm）；保护柱：Phenomenex AJ0～4287-C_{18}（4mm × 3mm ID）；采用乙腈–甲醇–水（10mmol/L三乙胺用磷酸调pH ≈ 7.5）为流动相，洗脱程序见表5–1；流速：1.0ml/min；检测波长：245nm；进样量：20μl；柱温：35℃；数据由Millennium[32] Chromatography Manager Software处理。

表5–1　流动相梯度洗脱程序

时间（min）	乙腈（%）	甲醇（%）	三乙胺水（pH≈7.5）（%）
0	5	45	50
15	35	5	60
25	30	25	40
45	30	45	25
52	0	95	5

（2）样品制备

①对照品溶液的制备：分别精密称取钩藤碱10.19mg、异钩藤碱对照品22.01mg，用70%甲醇溶解并定容至50ml，作为储备液。各取1ml钩藤碱、异钩藤碱储备液混合，以70%甲醇定容至25ml，即得含7.99μg/ml钩藤碱、17.61μg/ml异钩藤碱混合对照品溶液。

②供试品溶液的制备：将钩藤药材粗粉过40目筛，取约2.0g，精密称定，

用适量的氨水润湿，放置30分钟，然后置索氏提取器中，加入150ml二氯甲烷，于55℃水浴中回流9小时，提取液回收溶剂并浓缩至干，残渣用适量70%甲醇溶解，转移至25ml容量瓶中加入70%甲醇至刻度，摇匀，过0.45μm微孔滤膜，弃去初滤液，取续滤液，即得。

③指纹图谱的方法学考察：称取同一批的钩藤药材约2.0g，精密称定，按照本实验“（1）”项的色谱条件、“②”项的方法制备样品溶液进行指纹图谱方法学考察。选取保留时间约为33.6分钟的异钩藤碱色谱峰Y_{18}为参照峰，计算色谱图中峰面积≥1%的色谱峰的相对保留时间和相对峰面积。结果表明：HPLC图中峰面积≥1%的色谱峰的相对保留时间RSD＜1.0%和相对峰面积RSD＜4.0%，所建立的钩藤药材指纹图谱具有良好的精密度、稳定性和重现性。

（3）不同种钩藤的HPLC/PDA鉴别　应用建立的指纹图谱的色谱方法结合二极管阵列检测器（PDA），测定经过专家性状鉴别的6种钩藤药材：钩藤（S1）、大叶钩藤（S30）、白钩藤或无柄果钩藤（S31）、毛钩藤（S32）、华钩藤（S33）、攀茎钩藤（S34）。结果发现：利用各种钩藤药材色谱图中各色谱峰出现位置的不同及其紫外吸收光谱图的不同，可作为钩藤药材品种鉴定的依据。各药材HPLC图的色谱峰出现及其位置差异较明显，适合用于钩藤种属的鉴别，结合PDA分析这6种药材的液相色谱图的各个色谱峰在200～400nm的紫外光谱图，可知6种钩藤的HPLC-PDA鉴别有如下特征性：大叶钩藤、华钩藤和白钩藤主要色谱峰均为240～245nm的最大色谱峰：其中大叶钩藤在30～43分钟之间有4个明显色谱峰，华钩藤和白钩藤主要色谱峰分布在25～39分钟。钩藤、毛钩藤和攀茎钩藤除在25～39分钟有多个240～245nm的最大色谱峰外，还主要在25分钟前有225～227nm的最大色谱峰，而钩藤在39分钟后还有3个225～227nm的最大色谱峰。

4. **分子鉴别**

2016年王业胜等对钩藤属植物的rDNA ITS序列进行分析，利用通用引物对rDNA ITS序列进行PCR扩增，经过克隆，测序后，运用MEGA软件进行系统发育分析和构建系统发育树。结果显示，测序得到该钩藤的rDNA ITS序列长度为718bp，序列分析结果显示与GenBank数据库中已有的钩藤（*U. rhynchophylla*）rDNA ITS序列之间相似度达99.8%，并且在系统发育树中与钩藤并排聚类成一支，支持率达到84%，然后又与钩藤属华钩藤（*U. sinensia*，FJ980386）、毛钩藤（*U. hirsuta*，GU937110）、北越钩藤（*U. homomalla*，KF881255）、白钩藤（*U. sessilifructus*，GU93711）以及攀茎钩藤（*U. scandens*，KF881275）聚类成一支（图5-1）。可见基于ITS区序列测定分析的分子生物学方法和构建系统发育树的分子遗传学方法，可以对钩藤属药用植物进行分子鉴定和遗传分析。

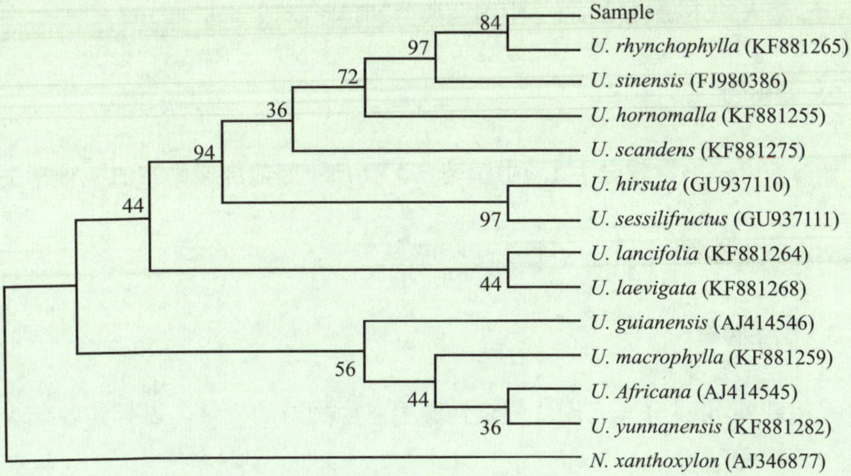

图5-1　钩藤样品的系统进化图

三、质量评价

《山西中药志》记载：本品以干燥、色泽红润、双钩枝嫩者为佳。

《中国中药材》记载：本品以上钩形如锚状、茎细、钩结实、光滑、色红褐或紫褐、无梗者为佳。

《金世元中药材传统鉴别经验》记载：钩藤质量比华钩藤好，均以茎细、带钩、枝嫩、色紫棕色者为佳。

《中华本草》记载：以质坚，色红褐或棕褐、有钩者为佳。

现代主要通过以下几方面对钩藤进行质量评价。

1. 检查

（1）水分　不得过10.0%（《中国药典》2015年版四部通则0832第二法）。

（2）总灰　不得过3.0%（《中国药典》2015年版四部通则2302）。

2. 浸出物

照醇溶性浸出物测定法（《中国药典》2015年版四部通则2201）项下的热浸法测定，用乙醇作溶剂，不得少于6.0%。

3. 总生物碱

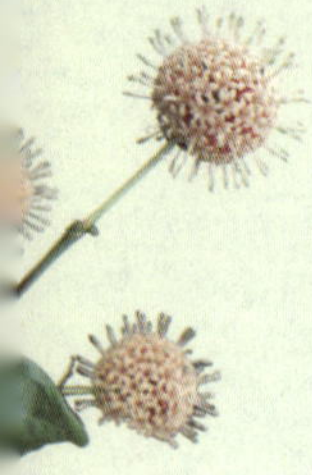

采用紫外-可见分光光度计测定钩藤中总生物碱的含量。以异钩藤碱为对照品，将钩藤样品粉末置于具塞锥形瓶中，加入1%盐酸甲醇10ml，放入4℃冰箱冷浸12小时后，室温超声，过滤，再加入1%盐酸甲醇10ml，室温超声，过滤，合并滤液于蒸发皿中，置60℃水浴蒸干，残渣用稀氨水溶解，转移至分液漏斗，加三氯甲烷振摇萃取，收集三氯甲烷层，萃取3次，合并三氯甲烷层于蒸发皿中60℃水浴挥干，残渣加pH=3.4的缓冲液和酸性染料，溶解后转移至分液漏斗，再加三氯甲烷萃取，收集三氯甲烷层溶液，即为显色后的供试品溶液，于410nm处测定其吸光度，计算总生物碱的含量。

4. 钩藤碱和异钩藤碱含量测定

采用高效液相色谱法测定钩藤中钩藤碱和异钩藤碱的含量。以钩藤碱和异钩藤碱为对照品，将约2.0g钩藤粉末置入100ml具塞锥形瓶中，加入50ml70%甲醇溶液，用42kHz微波超声仪超声1小时后，冷却，补重，过0.45μm有机微孔滤膜，取续滤液，即得。

高效液相色谱条件为：高效液相色谱仪Agilent 1260 Infinity LC。Phenomenex Gemini C_{18}色谱柱（4.6mm × 250mm，5μm）；流动相为0.01mol/L的甲醇–三乙胺溶液（冰醋酸调pH7.5），体积比为68∶32；流速为1.0ml/min；柱温30℃；进样体积10μl；检测波长245nm。

5. **多糖测定**

采用紫外-可见分光光度计测定钩藤中多糖的含量。以无水葡萄糖为对照品。精密称定钩藤样品粉末，置于圆底烧瓶中，加水称重，静置1小时，加热回流1小时，取出放冷，再称定，补重，摇匀，过滤。精密吸取一定量续滤液，置容量瓶中加水至刻度，摇匀；精密量取2ml，置具塞比色管中，精密加入4%苯酚溶液1ml，摇匀，迅速精密加入浓硫酸7ml，混匀，置40℃水浴中保温30分钟，取出，放冷至室温，于488nm处测定其吸光度，计算出多糖的含量。

6. **有机氯类农药残留**

采用气相色谱法测定钩藤中有机氯类农药残留，方法参考《中国药典》2015年版四部通则2341农药残留量测定法；其限量指标参考《药用植物及制剂外经贸绿色行业标准》WM/T 2—2004：六六六（BHC）≤0.1mg/kg；DDT≤0.1mg/kg；五氯硝基苯≤0.1mg/kg；艾氏剂（Aldrin）≤0.02mg/kg。

7. **重金属含量测定**

用原子吸收分光光度法和原子荧光光度法测定钩藤中铜、铅、镉、砷、汞的含量。铜、镉、铅测定方法参考《中国药典》2015年版四部通则2321铅、镉、砷、汞、铜测定法；砷、汞的测定方法参考《药用植物及制剂外经贸绿色行业标准》WM/T 2—2004；重金属总量测定方法参考《中国药典》2015年版四部通则0821重金属检查法。其重金属的限量指标参考《药用植物及制剂外经贸绿色行业标准》WM/T 2—2004：铜（Cu）≤20.0mg/kg；铅（Pb）≤5.0mg/kg；镉（Cd）≤0.3mg/kg；砷（As）≤2.0mg/kg；汞（Hg）≤0.2mg/kg；重金属总量≤20.0mg/kg。

第6章

钩藤现代研究与应用

一、化学成分

1. 钩藤中化学成分

《常用中药材品种整理和质量研究》对钩藤属植物中的钩藤（*U. rhynchophylla*）化学成分的研究最为详尽，先后发现有近30种成分，其中生物碱为主要药理活性成分。

（1）生物碱类　钩藤中生物碱属吲哚类生物碱，主要有氧化吲哚生物碱，如钩藤碱（rhynchophylline）、异钩藤碱（isorhynchophylline）、去氢钩藤碱（corynoxeine）、异去氢钩藤碱（isocorynoxeine）、毛钩藤碱（hirsutine）、去氢毛钩藤碱（hirsuteine）、柯楠因碱（corynantheine）、二氢柯楠因碱（dihydrocorynantheine）、缝籽木甲醚（geissosdhizine methyl ether）、阿枯米京（akuammigine）。另外，从钩藤的叶中发现含有anqustine、anqustoline、anqustidine以及极性较大的生物碱：vallesiachotamine，isovallesiachotamine，dihydrovallesiachotamine，sotridosamide，rhynchophine。张峻等从钩藤总碱中分离得到3个氧化吲哚碱生物碱：柯诺辛，柯诺辛B和钩藤碱。2015年吴伟明等对钩藤的乙醇提取物进行分离纯化得到柯诺辛碱（corynoxine），去氢钩藤碱（corynoxeine），异去氢钩藤碱（isocorynoxeine），钩藤碱（rhynchophylline），异钩藤碱（isorhynchophylline），卡丹宾碱（cadambine），二氢卡丹宾碱

(3α-dihydrocadambine)。

（2）黄酮类 (-)-表儿茶素，金丝桃苷（hyperin），三叶豆苷（trifolin）。张峻等从钩藤枝叶的乙醇提取物中得到6-甲氧基-7-羟基香豆素。

（3）萜类 邓美彩等从钩藤带钩茎枝分离得到9个萜类化合物，通过波谱学等方法鉴定为乌苏酸、27,28-二羧基乌苏酸、3β,6β,19α-三羟基齐墩果酸、3-酮-6β，19α-二羟基乌苏酸、3β，6β，19α，24-四羟基乌苏酸、6-酮-3β，19α，23-三羟基齐墩果酸、3β，19α，24-三羟基乌苏酸、23-醛-3β，6β，19α-三羟基乌苏酸、钩藤苷元C。杨成金等从钩藤枝叶的乙醇提取物中分离得到5个三萜成分，经光谱鉴定为3β,6β,19α-trihydroxyurs-12-en-28-oic acid、钩藤苷元A、钩藤苷元B、常春藤苷元、钩藤苷元C。张峻等从钩藤枝叶的乙醇提取物中分得3个三萜类化合物，经光谱鉴定为钩藤苷元D、3β，6β，19α-trihydroxy-23-oxo-urs-12-en-oic acid和3β-hydroxyurs-12-en-27，28-dioic acid。

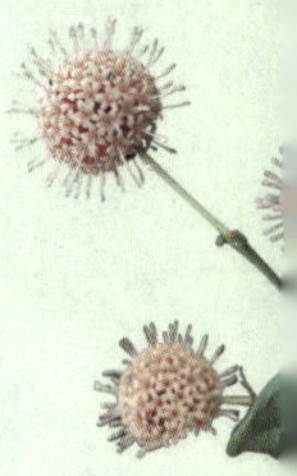

（4）其他 邓美彩等从钩藤带钩茎枝中分离得到单棕榈酸甘油酯、sumresin olic、scopoletin、丁香酸、cleomiscosin D、cleomiscosin B。2015年吴伟明等从钩藤的乙醇提取物进行分离纯化得到β-谷甾醇（β-sitosterol），胡萝卜苷（daucosterol），普鲁托品（protopine），喜果苷（vincoside lactam），异长春花苷内酰胺（strictosamide），5-*O*-咖啡酰基奎宁酸（chlorogenicacid）。

日本学者对钩藤（*U. rhynchophylla*）全植物各部分所含有生物碱进行鉴定

并作含量测定，结果发现：氧化吲哚碱，钩藤碱，异钩藤碱，去氢钩藤碱，异去氢钩藤碱绝大部分分布于钩、幼茎和叶中；吲哚生物碱，毛钩藤碱，去氢毛钩藤碱绝大部分分布于植物地下部分的皮部；地上部分的皮部上述二类生物碱含量基本相等；木质部（包括地上及地下部分）生物碱含量很低，但是柯楠因，二氢柯楠因的含量却高于植物其他部分。日本学者从中国购的商品钩藤中分离出三个化合物cadambine、3α-dihydrocadambine、3β-isodihydrocadambine，后两种具有强而持久的降压作用。

2. 大叶钩藤中化学成分

大叶钩藤含有钩藤碱（rhynchophylline）、异钩藤碱（isorhynchophylline）、去氢钩藤碱（corynoxeine）、异去氢钩藤碱（isocorynoxeine）。郑嘉宁等研究大叶钩藤生物碱部分的化学成分，分离得到柯诺辛碱（corynoxine）、柯诺辛碱B（corynoxine B）。杨君等研究中药大叶钩藤非生物碱部分的化学成分，采用柱色谱等方法进行分离、NMR等波谱学方法进行结构鉴定，分离得到6个化合物，乌索酸、3β，6β，23-trihydroxyurs-12-en-28-oic acid、3β，6β，19α-trihydroxyurs-12-en-28-oic acid、表儿茶素、β-谷甾醇、胡萝卜苷，均为首次从该植物中获得。伍俊研等研究大叶钩藤非生物碱部分的化学成分，方法用硅胶柱层析分离，并用各种波谱（MS、IR、NMR）法对化合物的结构进行鉴定。结果从大叶钩藤中分离鉴定了6个化合物，其结构分别为β-谷甾醇（β-sitosterol）、β-胡萝卜苷（β-daucosterol）、乌苏酸（ursolic acid）、α-香树素乙酸酯（α-amyrin acetate）、3β，6β，23-trihydroxyurs-12-en-28-oic acid，3β-hydroxyurs-12-en-27，28-dioic acid，其中α-香树素乙酸酯和3β-hydroxyurs-12-en-27，28-dioicacid为首次从该植物中获得；并发现大叶钩藤非生物碱部分主要含乌苏酸。张秋翠等从钩藤属大叶钩藤的提取液分离得到两个单体化合物，经NMR和MS等数据鉴定为熊果酸和齐墩果酸。王冬梅等分析大叶钩藤叶挥发油成分，采用水蒸气蒸馏法提取大叶钩藤叶的挥发油，经气相色谱-质谱联用（GC-MS）仪分析，归一化法测得各组分的相对含量，结果检出127个色谱峰，鉴定了大叶钩藤叶挥发油化合物中的85个成分，约占相对总含量的96.47%。大叶钩藤叶挥发油主要成分及其相对含量为酯（23.57%）、烯酮类（15.11%）、烷烃类（14.62%）、烯醇类（7.66%）、醛、醇、酮等物质，其中含量最高的是2-甲基-1-（1，1-二甲基乙基）-2-甲基-1，3-丙二基丙酸酯（10.17%）、三十一烷（10.17%）；含量较高的有4-（2，6，6-三甲基-1-环己烯-1-基）-3-丁烯-2-酮（7.9%）、叶绿醇（5.8%）、（*E*）-2-己烯酸丁酯（4.76%）、十六烷酸乙酯（3.76%）、4-（2，6，6-三甲基-2-环己-1-烯基）-3-丁烯-2-酮、3，5，11，15-四甲基-1-十六碳烯-3-醇等。李国成等研究大叶钩藤根的化学成分，用甲醇提取及柱色谱等方法进行分离，波谱法鉴定结构。结果从大叶钩藤根部位中分离并鉴定了6个化合物，其结构分别为钩藤碱、异钩藤碱、乌苏酸、β-谷甾醇、taraxerol、myricadoil。

3. 华钩藤

华钩藤的叶含翅果定碱（pteropodine），异翅果定碱（isopteropodine），丽叶碱（speciopbylline），恩卡林碱 E（uncarine E）及其氧化物。刘红梅等从华钩藤中分离得到四氢鸭脚木碱、翅果定碱N-氧化物、钩藤碱N-氧化物、帽柱木碱N-氧化物、帽柱木碱。刘明川等从华钩藤分离得到β-谷甾醇（β-sitosterol）、胡萝卜苷（daucosterol）、翅果定碱（pteropodine）、乌苏酸（ursolic acid）、丁香色原酮苷Ⅰ（eugenoside Ⅰ）、美商陆苷A（phytolaccoside A）、东莨菪素（scopoletin）和乌苏醛（ursolic aldehyde）。陈霞等对华钩藤95%乙醇提取物的三氯甲烷部分的非生物碱类成分进行分离纯化，分离得到8个非生物碱类成分，分别为乌苏酸（ursolic acid）、β-谷甾醇（β-sitosterol）、奎洛维酸（quinovic acid）、胡萝卜苷（daucosterol）、奎洛维酸-3-*O*-β-D-海藻糖苷（quinovic acid-3-*O*-β-D-fucopyranoside）、3β，5α，6β-三羟基豆甾烷（3β，5α，6β-trihydroxy-phytosterane）、齐墩果酸（oleanolic acid）、奎洛维酸-3-*O*-β-D-吡喃葡萄糖苷（28→1）-β-D-吡喃葡萄糖［quinovic acid-3-*O*-β-D-glucopyranoide（28→1）-β-D-glucopyranoside］，其中化合物奎洛维酸、奎洛维酸-3-*O*-β-D-海藻糖苷、3β，5α，6β-三羟基豆甾烷、奎洛维酸-3-*O*-β-D-吡喃葡萄糖苷（28→1）-β-D-吡喃葡萄糖为首次从钩藤属植物中分离得到。孙广利等对茜草科植物华钩藤的干燥带钩茎枝的黄酮类化学成分进行研究。方法用体积分数95%乙醇对华钩藤的干燥带钩茎枝进行提取，分别对乙酸乙酯和正丁醇部位采用各种柱色谱进行分离，通过NMR和MS等波谱学数据分析进行结构鉴定。结果分离鉴定了5个黄酮类化合物的结构：槲皮素（quercetin），山柰酚（kaempferol），蒙花苷（1inarin），槲皮素-3-*O*-*β*-D-半乳糖苷（quercetin-3-*O*-*β*-D-galactopyranside），槲皮素-3-*O*-*α*-L-鼠李糖基-（1→6）-*β*-D-半乳糖苷［quercetin-3-*O*-*α*-L-rhamnopyranosyl-（1→6）-*β*-D-galactopyranoside］。均为首次从该植物中分离得到。

4. **白钩藤**

白钩藤叶含有钩藤碱，异钩藤碱，去氢钩藤碱，毛钩藤碱。张茂娟等从白钩藤干燥带钩茎枝95%乙醇提取物中分离得到了14个非生物碱类化合物：木栓酮（friedelin）、桦木醇（betulin）、钝鸡蛋花素（obtusalin）、豆甾-4-烯-3-酮（stigmast-4-en-3-one）、*β*-谷甾醇（*β*-sitosterol）、*β*-胡萝卜苷（*β*-daucosterol）、24-烯-环阿尔廷酮（24-en-cycloartenone）、角鲨烯（squalene）、维生素E（vitamin E）、*α*-tocopherolquinone、（–）-alloaromadendrene、丁香色酮（eugenin）、东莨菪内酯（scopoletin）、bis（2-ethylhexyl）phthalate；3个吲哚生物碱类化合物：大叶帽柱木碱（mitraphylline）、异大叶帽柱木碱（isomitraphylline）、isomitraphylline *N*-oxide。

5. 毛钩藤

毛钩藤叶含帽柱木碱（mitraphylline）及其氧化物，异帽柱木碱（isomitraphylline）及其氧化物，恩卡林碱 A（uncarine A）及恩卡林碱 B（uncarine B）。辛文波等对毛钩藤叶的化学成分进行研究，采用不同柱色谱技术进行分离，通过波谱分析确定化合物结构。结果分离鉴定了11个化合物，其中9个为黄酮类化合物，分别为山柰酚、槲皮素、槲皮苷、arzelin、异槲皮苷、（–）–表儿茶素、金丝桃苷、芦丁和manghaslin；另外2个化合物为绿原酸和胡萝卜苷。此外，还对毛钩藤叶的生物碱化学成分进行研究，从毛钩藤叶中分离鉴定了11个化合物，分别为19–epi–3–iso–ajmalicine，3–iso–ajmalicine，哈尔满碱（harman），帽柱木菲碱（mitraphylline），异帽柱木菲碱（isomitraphylline），异钩藤碱（isorhynchophylline），柯诺辛（corynoxine），钩藤碱（rhynchophylline），异帽柱木菲酸（isomitraphyllic acid），台钩藤碱 A（uncarine A）和台钩藤碱 B（uncarine B）。

6. 披针叶钩藤

披针叶钩藤叶含帽柱木碱（mitraphylline）及其氧化物，异帽柱木碱（isomitraphylline）及其氧化物。

7. 平滑钩藤

平滑钩藤的叶及茎中含帽柱木碱（mitraphylline）及其氧化物，异帽柱木碱（isomitraphylline）及其氧化物，异翅果定碱，丽叶碱，恩卡林碱A（uncarine A）和恩卡林碱B（uncarine B）。

8. 云南钩藤（滇钩藤）

2001年陶朝阳等从云南钩藤（*U. yunnanensis* K. C. Hsia）根分离鉴定了7个化合物，分别为：3*β*，6*β*，19*α*–三羟基乌苏酸、23–去甲基–24–烯–3*β*，6*β*，19*α*–乌苏酸、6*β*，19*α*–二羟基–乌苏酸–3–酮、齐墩果酸、5，7，3′，4′–四羟基–黄烷–3–醇、*β*–育亨宾和滇钩藤碱。2000年陶朝阳等从滇钩藤中分离得到6个化合物，分别为阿马利新，四氢鸭木碱，isorhychophylline，rhychophylline，corynoxine，乌苏酸–3–*O*–*β*–D–葡萄糖醛酸。

9. 攀茎钩藤

张俊杰等将攀茎钩藤枝干用甲醇提取，利用硅胶柱层析、Sephadex LH–20柱层析和反相柱层析进行化学成分分离纯化，从中分离得到6个化合物。根据现代波谱技术和理化性质对化合物结构进行鉴定，鉴定结构为：乌索酸（ursolic acid）、奎诺酸（quinovic acid）、*β*–谷甾醇（*β*–sitosterol）、环桉烯醇（cycloeucalenol）、东莨菪内酯（scopoletin）、香草酸甲酯（vanilic acid methyl ester）。史晓龙等采用多种现代色谱分离技术和波谱技术对攀茎钩藤化学成分进行系统研究，共分离得到12个化合物，鉴定了其中9个化合物的结构：十四烷醛（tetradecanal）、齐墩果酸（oleanolic acid）、*β*–谷甾醇（*β*–sitosterol）、麦角甾-4，6，8，22-四烯-3-酮（ergosta-4，6，8，22-tetraen-3-one）、2-羟基里白醇（2-hydroxydiplopterol）、熊果酸（ursolic acid）、邻苯二甲酸二异丁酯（diisobutyl phthalate）、槲皮素（quercetin）、7-羟基-6-甲氧基香豆素（7-hydroxy-6-methoxycoumarin）。马大勇将攀茎钩藤带钩的茎枝进行分离纯化得到14个化合物，分别为苯甲酸（benzoic acid）、对羟基肉桂酸甲酯（*p*-hydroxycinnamic methylate）、邻苯二甲酸二丁酯（dibutyl phthalate）、槲皮素（quercetin）、表坡模醇酸（epipomolic acid）、*β*-谷甾醇（*β*-sitoterol）、胡萝卜苷（daucosterol）、钩藤碱 E（uncarine E）、喜果苷（cadambine）、hirsuteine、isocorynantheic acid、geissoschizine methyl ether、geissoschizinc acid。

二、药理作用

1. 对心脑血管系统的作用

（1）降压作用　钩藤中降压主要成分是钩藤碱和异钩藤碱。两者强度比较，异钩藤碱强于钩藤碱。近代研究表明，无论对麻醉或不麻醉动物、血压正常或高血压动物，皆能引起明显的降压效应，其特点是先降压，继而快速升压，然后持续下降。主要是通过直接和反射性地抑制了血管运动中枢，以及阻滞交感神经和神经节，使外周血管扩张，阻力降低所致。其次，亦能抑制细胞内Ca释放，产生直接扩张血管的作用，但其作用较弱。徐惠波等研究发现复方钩藤片可以明显降低原发性高血压大鼠的血压，使ANP含量显著增高，能够明显降低高血脂小鼠血清中胆固醇和三酰甘油水平（$P<0.05$），说明复方钩藤片具有降压、降脂作用。邢俊娥等探讨天麻钩藤饮正交方不同配伍剂量对高血压大鼠的降压效应及内皮素-1（ET-1）、超氧化物歧化酶（SOD）、丙二醛（MDA）的影响。结果发现不同剂量配方组给药后与给药前比较，收缩压均降低（$P<0.01$）；与模型组比较，各用药组血压也均降低（$P<0.05$）；但各用药治疗组间比较，差异无统计学意义（$P>0.05$）。依据降压效应确定的最佳配伍剂量组（1号配方）大鼠血清ET-1、MDA含量均降低（$P<0.01$），而SOD含量升高（$P<0.05$），说明血压高低程度与血清ET-1、MDA含量呈正相关性、与SOD活性呈负相关性，最佳配伍剂量组（天麻6g，钩藤12g，石决明18g，桑寄生9g，川牛膝9g）可降低ET-1、MDA含量，升高SOD含量，提示其降压作用机制与抑制氧化应激反应、保护血管内皮功能有关。周继胡等利用原发性及肾性高血压（EH/RH）大鼠模型及正常大鼠对钩藤总碱胶囊的降压作用进行观察，发现EH大鼠给药后血压缓慢降低，醛固酮（ALD）分泌减少；RH大鼠给药后12小时后血压降低，降压程度达12%～20%，血管紧张素Ⅱ（AngⅡ）和内皮素（ET）含量下降。何飞等观察了6种钩藤属植物乙醇提取物对正常大鼠血压的影响，发现钩藤、侯钩藤和大叶钩藤提取物可显著降低正常大鼠血压；攀茎钩藤、双钩藤、北越钩藤对正常大鼠血压无明显影响。杨运姣等对比了秘鲁

产绒毛钩藤（*U. tomentosa*）及国产钩藤的降血压能力并探究其机制，实验结果表明两者均有显著降压作用，模型大鼠血浆中血管活性物质AngⅡ和ET的含量均有所降低，高降钙素基因相关肽（CGRP）的活性均有所提高，说明两者有着相似的物质基础。这些研究表明肾素-血管紧张素-醛固酮系统（RAAS）可能与其降压机制相关。李运伦等研究发现钩藤碱和异钩藤碱可通过阻滞细胞G0/G1期向S期转化，从而抑制Ang Ⅱ诱导的血管平滑肌细胞及成纤维细胞增殖；通过下调血管成纤维细胞大鼠Ⅰ型胶原蛋白（Col Ⅰ）和大鼠Ⅰ型胶原蛋白（Col Ⅲ）的表达来阻断Ang Ⅱ的促胶原合成效应，从而控制血管重塑的发生发展，对防治高血压具有积极的意义。Aisaka K等研究分离自华钩藤（*U. sinensis*）的3α-二氢卡丹宾碱的降压作用，发现其可以剂量依赖性的降低被麻醉正常大鼠的血压和自发性高血压大鼠的血压，且其活性比钩藤碱更强、更持久。可以引起麻醉犬椎体、股动脉和颈动脉扩张，但对冠状动脉和离体犬动脉几乎没有作用。

（2）对脑和心脏缺血缺氧的保护作用　钩藤碱对大鼠缺血-再灌注损伤有保护作用，其机制主要与抑制自由基的产生或增加自由基的消除有关。刘卫等采用膜片钳全细胞记录技术研究钩藤总生物碱预处理对急性缺氧后海马神经元Na^+电流的影响，发现钩藤总碱预处理可提高海马神经元对急性缺氧的耐受性，对神经元有显著保护作用。钩藤的甲醇提取物给大鼠腹腔注射100～1000mg/kg，能有效地保护暂时性前脑缺血（10分钟）对海马CA1区神经元所造成的损伤；缺血后24小时，钩藤组的大鼠海马区环氧合酶-2的生成明显受到抑制；缺血后第7天用尼斯尔染色法测定CA1区神经元密度，钩藤组大鼠的神经元细胞受保护程度大于70%。胡雪勇等采用小鼠断头张口喘气模型及大鼠大脑中动脉缺血2小时/再灌注22小时等模型，测定大鼠脑组织中NOS（一氧化氮合酶）、SOD（超氧化物歧化酶）、MDA（丙二醛）的含量变化。结果表明：钩藤碱具有抑制NOS活性、提高SOD活性、减少神经细胞脂质过氧化损伤和抑制神经细胞凋亡等作用，对脑缺血造成的损伤有保护作用，钩藤甲醇提取物对缺血引起的海马CA1区神经元造成的损伤也具有保护作用。

（3）抑制血小板聚集和抗血栓　谢笑龙等以比浊法测定异钩藤碱（isorhynchophylline，Isorhy）体外给药对大鼠血小板聚集的影响；采用动-静脉旁路血栓形成法制作大鼠血栓模型，观察Isorhy对血栓形成的作用；以放免法测定Isorhy对ADP作用下cAMP含量的影响。结果Isorhy 0.65mmol/L和1.30mmol/L对ADP和凝血酶诱导的大鼠血小板聚集均有抑制作用。静脉注射Isorhy 10mg/kg和5mg/kg可明显降低大鼠血栓形成湿重（$P<0.01$）。Isorhy 0.33～1.30mmol/L可升高ADP作用后的血小板cAMP浓度（$P<0.01$）。

2. 对中枢神经系统的作用

（1）对神经元系统的作用　谷氨酸（Glu）是一种兴奋性神经递质，其浓度在中枢神经系统中受到严格控制，浓度异常增高会造成神经元细胞损伤甚至死亡。Jang JY等研究发现华钩藤（*U. sinensis*）正己烷提取物HEUS可显著减少Glu诱导的神经细胞凋亡，抑制死亡受体DR4的表达，促进抗凋亡蛋白XIAP和Bcl-2的表达，阻滞Glu诱导的Bid裂解，对内在和外在的细胞凋亡途径都有抑制。此外，HEUS可阻滞Glu诱导的胱天蛋白酶（Caspase）的级联反应活化，并使聚ADP-核糖聚合酶裂解，提高细胞存活率。Ahn SM等研究了分离自华钩藤（*U. sinensis*）的1-甲氧基十八烷-1-醇（MOD）的神经保护作用。结果显示，MOD可降低细胞内Ca^{2+}水平异常引起的活性氧（ROS）积累，抑制Glu诱导的p38促分裂原活化蛋白激酶（p38MAPK）蛋白水平磷酸化和磷脂酰肌醇-3-激酶（PI3K）去磷酸化，解除Glu诱导的脑源性神经营养因子（BDNF）和环磷腺苷效应元件结合蛋白（CREB）的水平抑制，发挥神经保护作用。Tang NY等研究了钩藤（*U. rhynchophylla*）水提取物（UR）对红藻氨酸（KA）诱导的癫痫大鼠模型的神经保护功能。研究结果表明，UR可抑制小胶质细胞活化，减少神经型一氧化氮合酶（nNOS）和诱导型一氧化氮合酶（iNOS）免疫阳性细胞和凋亡细胞的数量，发挥神经保护作用。Jung HY等研究了钩藤（*U. rhynchophylla*）的主要成分毛钩藤碱对炎症诱导的神经毒性和小胶质细胞活化的抑制作用。毛钩藤碱能够有效阻断脂多糖（LPS）诱导的海马细胞死亡。抑制NO、前列腺素E_2（PGE_2）和白细胞介素-1β（IL-1β）的生产；抑制小胶质细胞NO释放，减少细胞内PGE_2和ROS的产生，显著降低MAPK和Akt信号蛋白的磷酸化。综上可知，毛钩藤碱通过减少活化小神经胶质细胞中各种神经毒性因子的生产，发挥神经保护作用。闫成玉等研究发现，在制作脑梗死模型前一天，按5.0、50.0mg/kg体重给小鼠腹腔注射钩藤总碱生理盐水1ml，对小鼠急性脑梗死体积有一定的减少作用，而且存在剂量依赖性。

（2）镇静、抗惊厥、抗癫痫　徐淑梅等以离体海马CA1区锥体细胞诱发群峰电位PS的幅度为指标，观察钩藤对毛果芸香碱致痫大鼠海马脑片诱发场电位的影响。结果表明，钩藤能降低癫痫大鼠海马脑片CA1区顺向诱发PS幅度，表明钩藤对中枢神经系统的突触传递有明显的抑制效应，具有抗癫痫作用。林晓亮等采用戊巴比妥钠阈下催眠实验及巴比妥钠阈剂量诱导小鼠睡眠时间实验，表明钩藤及毛钩藤叶高、中、低剂量组均能使小鼠自主活动减少，延长戊巴比妥钠阈剂量睡眠时间，其中毛钩藤叶高剂量组最为明显。麦琴笑等通过小鼠自主活动实验表明，钩藤提取物以及吲哚类生物碱如异钩藤碱、柯诺辛具有显著的镇静催眠效果，高剂量组效果最明显，这一作用可能与中枢多巴胺系统的调节相关。钩藤提取物具有一定的抗惊厥作用，SD大鼠腹腔注射100mg/kg或500mg/kg的钩藤提取物，能降低红藻氨酸所诱发的颤抖的发生率及大脑皮层中的过氧化脂质的水平，与天麻配伍合用有明显的协同效果。

（3）对免疫功能的影响　熊明华等对钩藤颗粒进行免疫方面的实验研究。

发现钩藤颗粒剂（剂量为20g/kg）对DNFB所致迟发型过敏反应有影响：肿胀度为（6.172±2.210）mg（$P<0.01$）；碳廓清除率K为（0.01897±0.003687）mg（$P<0.01$）；脾脏重量为（66.9±10.20）mg（$P<0.01$）；胸腺重量为（49.01±8.12）mg（$P<0.01$）。实验结果表明，钩藤颗粒剂对Ⅳ型变态反应、吞噬免疫功能及免疫器官等均有抑制作用。

3. 抗癌、抗肿瘤作用

钩藤总碱可逆转KBV200细胞（口腔上皮癌细胞KB的多药耐药细胞）对长春新碱的耐药性。张慧珠等采用噻唑蓝法测定药物的体外杀伤作用，应用金氏公式进行联合用药分析，测得钩藤总碱5μg/ml对长春新碱在KBV200细胞的逆转倍数为16.8倍，说明其具有较强的逆转肿瘤细胞多药耐药的作用。刘建斌等观察钩藤煎剂浓缩液对自发性高血压大鼠（SHR）左室肥厚（LVH）及原癌基因C-fos在心肌组织中表达的机制，发现钩藤能降低自发性高血压大鼠的收缩压（SBP），逆转左心室肥厚（LVH），其作用机制可能与抑制原癌基因C-fos表达有关。周知午等研究异钩藤碱脂质体在体外对人肺腺癌细胞系A549/DDP对顺铂（DDP）的逆转作用，结果发现IR-L无细胞毒浓度组（2.0μg/ml）使A549/DDP细胞对DDP的IC_{50}由16.81μg/ml降至3.36μg/ml；低细胞毒浓度组（7.0μg/ml）的IC_{50}降至2.34mg/L，两组均明显提高DDP在A549/DDP细胞内的浓度，证明IR能部分逆转A549/DDP细胞的MDR。Sun GL等从大叶钩藤（*U.*

macrophylla）中分离得到一个新的齐墩果烷型三萜，3β，6β，19α–三羟基齐墩果酸。该化合物对MCF–7和HepG2肿瘤细胞系表现出一定抑制作用，IC_{50}值分别为78.2μg/ml和73.9μg/ml。

4. 增强免疫、抗炎镇痛作用

Domingues等研究表明，钩藤总碱能够通过不同途径抑制免疫介导的糖尿病病理过程。给予50～400mg/kg的钩藤总碱提取物能够显著降低血糖，且能使$CD4^+$和$CD4^+$T细胞的值与正常动物相似，同时能增加$CD4^+$，$CD25^+$以及Foxp 3^+调节性T细胞的数量。此外，Aquino等研究发现，对于角叉菜诱导的大鼠足趾肿胀，绒毛钩藤具有良好的抗炎效果。在小鼠热板法和扭体法镇痛实验中，钩藤醇提液表现出明显的镇痛作用，且还能降低毛细血管通透性，抑制由二甲苯所致的炎症反应。研究人员推测其抗炎机制，推测可能是通过抑制转录因子NF-κB，并且对COX-1和COX-2也有轻微的抑制作用。但也有相关报道认为钩藤抗炎作用是多种次生代谢产物共同作用的结果。宋宇等观察了钩藤碱对实验性腹腔粘连的防治效果，发现钩藤碱可剂量依赖地减轻腹腔粘连的程度，显著降低大鼠血清白介素–6（interleukin–6，IL–6）、白介素–1β（interleukin–1β，IL–1β）、肿瘤坏死因子–α（tumor necrosis factor–α，TNF–α）及腹腔液中转化生长因子–β_1（transforming growth factor–β_1，TGF–β_1）和结缔组织生长因子（connective tissue growth factor，CTGF）的蛋白含量。表明其防治腹腔粘连作用的机制可能与抑制炎症因子和TGF-β_1/Smad信号通路有关。

5. 抗氧化、抗突变作用

尹文清等将钩藤不同溶剂提取物配制成系列梯度质量浓度进行抗氧化活性实验，表明各溶剂提取物均有较好的抗氧化作用，并随着溶剂极性增大抑制活性增强，其中乙醇提取物活性最强。Desmarchelier等证明绒毛钩藤树皮及根的醇提取物具有清除羟自由基的活性，所含的原花青素如cinchonains是其抗氧化的重要活性成分。因此，绒毛钩藤提取物可用于预防和治疗某些自由基引起的疾病如阿尔茨海默病和类风湿关节炎等。Milena Bors等证明钩藤的乙醇提取物比水提取物更显著地抑制人类红细胞的氧化。

6. 抗焦虑作用

李晶晶等研究发现钩藤总碱可显著增加EPM中大鼠进入开放臂次数及滞留时间，脑组织中5-HT、多巴胺（DA）、去甲肾上腺素（NE）含量显著下降；小鼠期待性焦虑实验中，实验组小鼠均无应激性体温升高。实验结果显示其抗焦虑机制可能与钩藤总碱对单胺类神经递质的调节作用有关。Jung JW等使用高架十字迷宫（EPM）和孔板装置对钩藤提取物的抗焦虑作用进行了测定，实验组大鼠开放臂的进入次数和滞留时间增加，封闭臂的进入次数和滞留时间减少，且5-羟色胺（5-HT）受体拮抗剂可抑制提取物的抗焦虑作用。孔板测试中，实验组探头的次数明显较对照组增加。这些结果表明，钩藤提取物主要通过血清素的神经系统发挥抗焦虑作用。贺燕研究发现钩藤碱浓度依赖和时间依赖的促进神经细胞核周围NR1蛋白的表达，时间依赖的抑制轴突、树突棘和树突干上NR2B蛋白表达，对NMDA受体有选择性抑制作用，这可能是其抗焦虑的机制之一。

三、应用

（一）古代临床应用

（1）治小儿惊热　钩藤一两，硝石半两，甘草一分（炙微赤，锉）。上药捣细，罗为散。每服，以温水调下半钱，每日三四服。量儿大小，加减服之。（《太平圣惠方》延龄散）

（2）治小儿惊痫，仰目嚼舌，精神昏闷　钩藤半两，龙齿一两，石膏三分，栀子仁一分，子芩半分，川大黄半两（锉碎，微炒），麦门冬三分（去心，焙）。上药粗捣，罗为散。每服一钱，水一小盏，煎至五分，去滓，量儿大小分减，不计时候温服。（《太平圣惠方》钩藤散）

（3）治诸痫啼叫　钩藤、蝉壳各半两，黄连（拣净）、甘草、川大黄（微炮）、天竺黄各一两。上捣罗为末。每服半钱至一钱，水八分盏，入生姜、薄荷各少许，煎至四分，去滓，温服。（《普济方》钩藤饮子）

（4）治小儿盘肠内钓，啼哭而手足上撤，或弯身如虾者　钩藤、枳壳、延

胡各五分，甘草三分。水半盅，煎二分服。(《幼科指掌》钩藤汤)

(5)治伤寒头痛壮热，鼻衄不止　钩藤、桑根白皮(锉)、马牙硝各一两，栀子仁、甘草(炙)各三分，大黄(锉，炒)、黄芩(去黑心)各一两半。上七味，粗捣筛。每服三钱匕，水一盏，竹叶三七片，煎至六分，去滓，下生地黄汁一合，搅匀，食后温服。(《圣济总录》钩藤汤)

(6)治胎动不安，孕妇血虚风热，发为子痫者　钩藤、人参、当归、茯神、桑寄生各一钱，桔梗一钱五分。水煎服。(《胎产心法》钩藤汤)

(二)现代临床应用

1. 治疗高血压

郭承栋用天麻钩藤葛根汤治疗原发性高血压60例，将60例患者随机分为治疗组和对照组，对照组采用常规西药治疗，治疗组在对照组的基础上加服天麻钩藤葛根汤治疗3个疗程，观察治疗前后血压改善情况，治疗组明显优于对照组，且治疗过程中没发现任何毒副作用。周虹等治疗32例轻、中度原发性肝阳上亢型高血压病患者，于治疗前后进行动态血压监测，发现天麻钩藤饮降压效果持续，白天降压效果较夜晚突出，与原发性肝阳上亢型高血压病的血压变化特点相适应。魏红玲用天麻钩藤饮治疗高血压眼底出血患者38例，治前患者临床表现为视力急剧下降甚至失明，眼底可见视网膜有不同程度出血。治疗后视力提高4行以上者18例，提高1～3行者14例，6例无明显变化。张奇等用天麻钩藤饮治疗高血压，以高血压指标为诊断标准，结果120例观察组显效44例（36.7%），有效66例（55%），无效10例（8.3%），总有效率91.7%；70例对照组显效21例（30%），有效38例（54.3%），无效11例（15.7%），总有效率84.3%。刘凯用天麻钩藤汤联合硝苯地平缓释片治疗肝阳上亢型高血压，发现采用天麻钩藤汤联合硝苯地平缓释片治疗组（不良反应发生率为4.17%）血压下降平均值高于仅用硝苯地平缓释片治疗组（不良反应发生率为16.67%）。阮萍等用天麻钩藤饮治疗阴虚阳亢型高血压50例，对照组采用口服氨氯地平治疗，观察组在对照组基础上加用天麻钩藤饮。观察比较治疗前后两组血压以及血浆中血管紧张素Ⅱ（AngⅡ）、醛固酮（ALDO）和血清中Ⅲ型前胶原（PcⅢ）、一氧化氮（NO）等指标的变化，并比较两组症状积分、生活质量、疗效及不良反应。结果与对照组比较，观察组治疗后血压明显降低（$P<0.05$），血浆中AngⅡ、ALDO和血清中PcⅢ、NO水平恢复更为满意（$P<0.05$），症状积分明显减少（$P<0.05$），生活质量总改善率、总有效率明显提高（$P<0.05$，$P<0.01$），两组均未发生明显不良反应。康晓利等观察天麻钩藤饮加减联合西药治疗糖尿病合并肝肾阴虚型高血压的临床疗效，选取73例糖尿病高血压患者，随机分为对照组36例，观察组37例。所有患者均行心理疏导、饮食控制等常规治疗，对照组在常规治疗基础上加服盐酸二甲双胍肠溶片、格列齐特片、苯磺酸左旋氨氯地平片治疗，观察组在对照组基础上加用天

麻钩藤饮治疗。观察对比两组治疗效果及收缩压（SBP）、舒张压（DBP）、空腹血糖变化情况。结果：两组治疗后总有效率对比，观察组为91.89%，高于对照组的72.22%，差异具有统计学意义（$P<0.05$）；观察组治疗后空腹血糖及血压均小于对照组，差异具有统计学意义（$P<0.05$）。结论：对糖尿病高血压运用天麻钩藤饮加减联合西药治疗，可有效改善患者血压、血糖，疗效显著。

2. 治疗眩晕

徐玉华用杞菊地黄汤合天麻钩藤饮加减治疗颈性眩晕86例，治疗组和对照组各43人，以眩晕症状和TCD为治疗标准。结果治疗组治愈18例，好转22例，未愈3例，总有效率93.0%；对照组治愈16例，好转18例，未愈9例，总治愈率为79.1%，治疗组明显优于对照组。吴积海用天麻钩藤饮加减治疗各证型眩晕80例，以眩晕及伴随症状消失为治疗标准，结果治愈62例，显效12例，有效4例，无效2例，临床治愈率为77.5%，总有效率97.5%。刘春甦将8例病人随机分为两组，治疗组口服天麻钩藤饮加减方及静脉输注葛根素葡萄糖注射液；对照组静脉输注纳洛酮和血塞通。结果治疗组总有效率91.1%，优于对照组的74.4%（$P<0.05$）；其血液流变学指标及椎基底动脉血流速度改善明显，优于对照组（$P<0.05$）。卢晨君用天麻钩藤饮加减治疗眩晕，对照组以静脉滴注500ml盐酸倍他司汀氯化钠注射液，试验组采用天麻钩藤饮加减治疗，结果试验组治疗总有效率为95.0%，显著高于对照组的85.0%；试验组复发率为7.5%，

显著低于对照组的17.5%（$P<0.05$）。冯兴建用针灸联合天麻钩藤饮治疗肝肾阴虚型眩晕，将120例患者随机分为两组，对照组60例天麻钩藤饮口服，治疗组60例采用天麻钩藤饮口服联合针灸，2周后疗效判定。结果治疗组痊愈35例，好转19例，无效6例；对照组痊愈27例，好转16例，无效17例；总有效率治疗组（90.0%）优于对照组（71.7%）（$P<0.05$）。段文慧等观察天麻钩藤饮联合西药治疗后循环缺血所致眩晕的临床疗效。方法将符合入选标准的80例后循环缺血性眩晕患者随机分为治疗组40例和对照组40例，对照组给予盐酸氟桂利嗪胶囊治疗，治疗组在对照组的基础上给予天麻钩藤饮治疗。对两组患者临床疗效进行比较。结果治疗组和对照组的总有效率分别为95%和80%，差异有统计学意义（$P<0.05$），说明治疗组临床疗效优于对照组。结论天麻钩藤饮联合西药治疗后循环缺血所致眩晕疗效确切。

3. 治疗椎动脉型颈椎病

李丹牧用钩藤天麻饮治疗椎动脉型颈椎病33例，以天麻钩藤饮（治疗组）和颈富康颗粒（对照组）对照治疗，在2个疗程内疗效评价，结果为治疗组总有效率81.85%，对照组总有效率70.8%，两组总有效率比较具有显著性差异（$P<0.05$），证明天麻钩藤饮治疗椎动脉颈椎病有确切疗效。

4. 治疗头痛

赵江用天麻钩藤饮治疗血管性头痛43例，以头痛和峰值血流速度为治疗标准，结果治愈32例，显效7例，有效2例，无效2例，治愈率为74.4%，总治愈率为95.3%。治疗期间，部分病人出现恶心、呕吐、轻度乏力，未见其他不良反应。姜蓉利用四逆散合天麻钩藤饮治疗内伤头痛，每天1剂，疗程3～5周，16例患者中显效10例，有效5例，无效1例，总有效率为93.75%，服药期间无不良反应。

5. 治疗帕金森病

严志聪等探讨天麻钩藤饮与多巴丝肼片联合治疗帕金森病的临床效果。2013年12月至2015年12月选择中山大学附属第一医院收治的帕金森患者92例，以随机数字表法分为观察组和对照组各46例，对照组患者采用多巴丝肼片进行治疗，观察组在对照组治疗的基础上加用天麻钩藤饮进行治疗。治疗2个月后，观察组患者的总有效率为91.30%（42/46），对照组为67.39%（31/46），两组差异有统计学意义（$P<0.05$）；观察组患者的睡眠质量显著优于对照组，差异有统计学意义（$P<0.05$）；观察组患者的不良反应发生率显著低于对照组，差异有统计学意义（$P<0.05$）。

6. 治疗重症手足口病并发中枢神经系统损害

陈洁分析羚角钩藤汤合菖蒲郁金汤加减治疗重症手足口病并发中枢神经系统损害的临床疗效。选取温州医科大学附属第二医院2013年6月至2015年6月收治住院的重症手足口病并发中枢神经系统损害的患儿共70例，随机分为观察组和对照组。发现观察组治疗后发热、易惊、肢体抖动、肌无力、尿潴留、病理征、口腔溃疡和皮疹或疱疹消失时间均显著短于对照组（$P<0.05$）。观察组患儿治疗后WBC、空腹血糖、脑脊液常规（葡萄糖、蛋白）及脑电图（θ波、δ波）恢复正常时间显著短于对照组（$P<0.05$）。两组患儿治疗5、10天脑脊液中白蛋白、NSE含量逐渐降低（$P<0.05$），观察组治疗第5、10天脑脊液中白蛋白、NSE含量显著低于对照组（$P<0.05$）。观察组总有效率为97.14%，显著高于对照组的74.29%（$P<0.05$）。两组患儿转为危重症发生率分别为0.00%和8.57%，差异无统计学意义（$P>0.05$）。

7. 治疗带状疱疹后遗神经痛

邓晓鹏等观察芍药钩藤木耳汤治疗带状疱疹后遗神经痛的临床疗效。将56例带状疱疹后遗神经痛患者随机分为对照组与治疗组，每组28例。对照组采用电针夹脊穴疗法，每日1次，连续治疗14次。治疗组在对照组治疗方案基础上加用门氏芍药钩藤木耳汤，每日1剂，两组疗程均为14天。对照组治疗后总有效率为89.29%，治疗组治疗后总有效率为92.86%，两组病例治疗后总有效率比较差异无统计学意义；对照组治疗后治愈率为42.86%，治疗组治疗后治愈率为69.29%，两组病例治疗后治愈率比较差异有统计学意义（$P<0.05$）。

8. 治疗老年性痴呆

徐进友等采用钩藤散浸膏治疗老年性痴呆（Alzheimer disease，AD）的临床疗效。将70例符合纳入标准的AD患者随机分为两组，每组35例。对照组给予石杉碱甲片治疗；治疗组给予钩藤散浸膏进行治疗。对照组与治疗组治疗后均有效，MMSE分别为总有效率63.64%（95%CI=47.23%～80.05%）、62.50%（95%CI=45.73%～79.27%）；ADAS-cog分别为总有效率54.55%（95%CI=37.56%～71.54%）、53.13%（95%CI=35.84%～70.42%）；ADL分别为总有效率48.48%（95%CI=3.43%～65.53%）、43.75%（95%CI=26.56%～60.94%）。治疗前后有明显差异，差异具有统计学意义（$P<0.01$），组间比较无明显差异（$P>0.05$）。

9. 治疗神经性耳鸣

胡江源观察天麻钩藤饮合耳聋左慈丸治疗老年神经性耳鸣的临床疗效。将68例神经性耳鸣患者随机分为对照组30例和联合组38例，对照组给予耳聋左慈丸治疗，联合组在对照组的基础上合用天麻钩藤饮颗粒治疗，用药时间均为1个月，发现联合组总有效率为78.9%，与对照组总有效率（60.0%）比较，差异具有统计学意义（$\chi^2=4.369$，$P=0.026$），且两组患者在治疗及随访期间均未发生明显不良反应。结论：天麻钩藤饮合耳聋左慈丸治疗神经性耳鸣具有很好的临床疗效，且无明显不良反应，值得在临床应用。

10. 其他临床应用

现代中医药研究表明，钩藤还可以用于治疗缺血性中风、脑血管疾病、脑梗死、儿童多动症、椎基底动脉供血不足、神经衰弱、美尼尔综合征、抑郁症、面部带状疱疹、中枢性发热、小儿夜啼、小儿腹型癫痫、糖尿病周围神经病变、闭角型青光眼、上尿路结石、早泄、风热动风型小儿急惊风等多种病症。

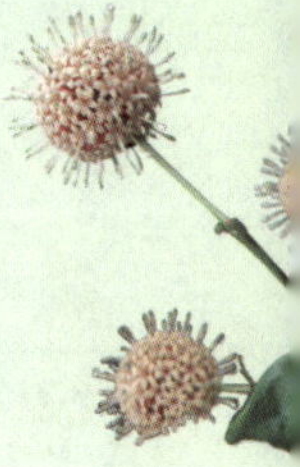

参考文献

[1] 中国科学院中国植物志编辑委员会. 中国植物志[M]. 北京：科学出版社，1999.

[2] 国家药典委员会. 中华人民共和国药典：一部[M]. 北京：中国医药科技出版社，2015.

[3] 广西中药资源普查办公室. 广西壮族自治区中药资源重点品种专题调查报告汇编[M]. 内部资料，1987：108.

[4] 罗鸣，宋智琴，杨平飞，等. 4种钩藤植物光合生理特性与药材产量相关性研究[J]. 中国中药杂志，2017，42(1)：94-99.

[5] 付金娥，龙海荣，谷筱玉，等. 不同产地钩藤中钩藤碱含量比较研究[J]. 时珍国医国药，2013，24(12)：3000-3001.

[6] 王盟，商林林，刘卫. 不同产地及不同采收期钩藤中异钩藤碱的含量分析[J]. 国际中医中药杂志，2015，37(5)：443-445.

[7] 朱意麟，张鹏，黄瑞松，等. 不同时期攀茎钩藤钩藤碱成分的动态积累分析[J]. 中国中医药信息杂志，2014，2(6)：48-50.

[8] 唐才林，高言明，杨春，等. 毛钩藤不同采收期总生物碱与多糖含量变化研究[J]. 江西中医药，2014，45(381)：66-68.

[9] 余再柏，舒光明，秦松云，等. 国产钩藤类中药材资源调查研究[J]. 中国中药杂志，1999，24(4)：198-202.

[10] 黄瑞松，朱意麟，严克俭. 广西钩藤属植物资源及壮、瑶民间应用的调查分析[J]. 广西医科大学学报，2012，29(2)：306-308.

[11] 梁平，龙先菊，韦波. 剑河县关口农场钩藤种植气候条件分析[J]. 贵州气象，2009，33(1)：11-13.

[12] 毛堂芬，刘作易，贺定祥，等. 钩藤的组织培养与植株再生[J]. 植物生理学通，2006，42(6)：1127.

[13] 施力军，苏建村，蒋向军，等. 钩藤组织技术体系研究[J]. 安徽农业科学，2010，38(6)：2937-2938.

[14] 韦树根，马小军，施力军，等. 钩藤扦插繁殖试验[J]. 江苏农业科学，2011，9(6)：415-416.

[15] 韦树根，马小军，施力军，等. 钩藤新品种“药园钩藤2号”[J]. 园艺学报，2014，41(6)1285-1286.

[16] 韦树根，付金娥，施力军，等. 钩藤的研究进展[C]北京：中国林业出版社，2009：76-82.

[17] 韦树根，何弘，付金娥，等. 钩藤种子发芽影响因素研究［J］. 广西科学院学报，2014，30（4）：1–4.

[18] 楼之岑，秦波. 常用中药材品种整理和质量研究：第二册［M］. 北京：北京医科大学中国协和医科大学联合出版社，1995：995–1002.

[19] 黄祥增，黄春晖，曾常青. 钩藤生物碱指纹图谱构建及其在不同种钩藤药材鉴别中的应用［C］.《中国中药杂志》第十届编委会暨中药新产品创制与产业化发展战略研讨高端论坛论文集，2011：352–357.

[20] 王业胜，李奇威，周林，等. 一种钩藤属植物的rDNA ITS序列分析［J］. 中国当代医药，2016，23（7）：4–7.

[21] 吴伟明，李志峰，欧阳辉，等. 钩藤化学成分分析［J］. 中国实验方剂学杂志，2015，21（18）：56–58.

[22] 邓美彩，焦威，董玮玮，等. 钩藤化学成分的研究［J］. 天然产物研究与开发，2009，21（2）：242–245.

[23] 杨君，宋纯清，胡之璧. 大叶钩藤的化学成分研究［J］. 中国中药杂志，2000，25（8）：484-485.

[24] 伍俊妍，李国成，王定勇. 大叶钩藤非生物碱部分的化学成分研究［J］. 南方医科大学学报，2007，27（2）：226-227.

[25] 张秋翠，郭劲松. 大叶钩藤有效成分的分离［J］. 中国中医药现代远程教育，2012，10（2）：150–151.

[26] 王冬梅，黄林芳. 大叶钩藤叶挥发油成分气相色谱-质谱联用分析［J］. 药物分析杂志，2013，33（2）：234–240.

[27] 李国成，伍俊妍，刘韬. 大叶钩藤根的化学成分研究［J］. 中国现代应用药学，2010，27（13）：1193-1195.

[28] 刘明川，胡德禹，宋宝安，等. 华钩藤化学成分研究［J］. 天然产物研究与开发，2011，23（6）：1058–1060.

[29] 陈霞，张楠，刘建华，等. 华钩藤中非生物碱类成分的研究［J］. 山地农业生物学报，2014，11（3）：91–94.

[30] 张茂娟，刘冰，安彦峰，等. 白钩藤的化学成分研究［J］. 中草药，2014，45（2）：175–180.

[31] 辛文波，俞桂新，王峥涛. 毛钩藤叶的化学成分［J］. 中国天然药物，2008，6（4）：262–264.

[32] 陶朝阳，易杨华，许强芝. 滇钩藤化学成分研究［J］. 药学学报，2001，36（2）：120–122.

[33] 陶朝阳，易杨华，许强芝，等. 滇钩藤化学成分研究［J］. 中国新药杂志，2000，9（1）：31–32.

[34] 张俊杰，杨敏超，彭伟，等．攀茎钩藤化学成分的研究［J］．海南师范大学学报．2016，29（2）：189-191．

[35] 史晓龙．藏药攀茎钩藤化学成分及生物活性研究［D］．兰州：兰州理工大学，2015．

[36] 邢俊娥，吴鹏，杨清华．天麻钩藤饮正交配方对高血压大鼠的降压效应研究［J］．世界中西医结合杂志，2016（8）：1094-1097．

[37] 周继胡，丁涛，温富春，等．钩藤总生物碱胶囊降压作用研究［J］．长春中医药大学学报，2013，29（6）：1117-1118．

[38] 何飞，苏华，韦桂宁，等．钩藤属部分不同种植物药材对正常大鼠血压的影响［J］．中国实验方剂学杂志，2013，19（2）：270-275．

[39] 杨运姣，彭康．绒毛钩藤与国产钩藤对高血压大鼠血压及Ang Ⅱ、ET、CGRP影响的比较研究［J］．南方医科大学学报，2009，29（3）：587-588．

[40] 李运伦．钩藤碱和异钩藤碱抑制血管紧张素Ⅱ诱导血管平滑肌细胞增殖及相关机制［J］．中国药理学通报，2008，24（1）：53-58．

[41] Aisaka K，Hattori Y，Kihara T，et al．Hypotensive action of 3α-dihydrocadambine，an indole alkaloid glycoside of *Uncaria Hooks*［J］．Planta Medica，1985（5）：424-427．

[42] Jang JY，Kim HN，Kim YR，et al．Hexane extract from *Uncaria sinensis* exhibits anti-apoptotic properties against glutamate-induced neurotoxicity in primary cultured cortical neurons［J］．International Journal of Molecular Medicine, 2012，30（6）：1465-1472．

[43] Ahn SM，Kim HN，Kim YR，et al．Neuroprotective effect of 1-methoxyoctadecan-1-ol from *Uncaria sinensis* on glutamate-induced hippocampal neuronal cell death［J］．Journal of Ethnopharmacology，2014，155（1）：293-299．

[44] Tang NY，Liu CH，Su SY，et al．*Uncaria rhynchophylla*（Miq．）Jack．plays a role in neuronal protection in kainic acid-treated rats［J］．The American Journal of Chinese Medicine，2010，38（2）：251-263．

[45] Jung HY，Nam KN，Woo BC，et al．Hirsutine，an indole alkaloid of *Uncaria rhynchophylla*，inhibits inflammation-mediated neurotoxicity and microglial activation［J］．Molecular Medicine Reports, 2013，7（1）：154-158．

[46] 闫成玉，王中师，关景丽，等．钩藤总碱预处理对小鼠急性脑梗死模型神经元活性的影响［J］．实用医药杂志，2016，33（8）：717-718．

[47] 林晓亮，罗超华，莫志贤．毛钩藤叶对中枢抑制作用的初步研究［J］．时珍国医国药，2009，20（9）：2132-2133．

[48] 麦琴笑，冯静仪，彭文艳，等．绒毛钩藤影响中枢神经系统的药理学研究［J］．海峡药学，2009，21（2）：26-28．

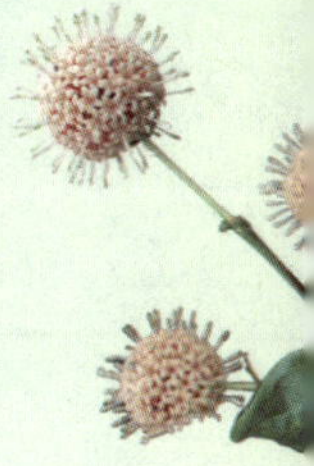

[49] Sun GL, Zhang XP, Xu XD, et al. A new triterpene From *Uncaria macrophylla* and its antitumor activity [J]. Molecules, 2012, 17 (2): 1883-1889.

[50] Domingues A, Sartori A, Golim MA. Prevention of experimental diabetes by *Uncaria tomentosa* extract [J]. J Ethnopharmacol, 2011, 137 (1): 635-642.

[51] 尹文清，段少卿，张岩. 钩藤不同溶剂提取物及总生物碱抗氧化活性研究 [J]. 广西师范大学学报：自然科学版，2010，28 (1): 31-34.

[52] 李晶晶，汤建林，胡岚岚，等. 钩藤总碱对焦虑模型行为学和脑组织单胺类神经递质的影响 [J]. 第三军医大学学报，2013，35 (3): 237-240.

[53] 刘凯. 天麻钩藤汤联合硝苯地平缓释片治疗高血压疗效观察 [J]. 人人健康，2016，(12): 43-45.

[54] 阮萍，廖化. 天麻钩藤饮治疗阴虚阳亢型高血压50例 [J]. 解放军医药杂志，2016，28 (5): 79-82.

[55] 康晓利. 天麻钩藤饮加减联合西药治疗糖尿病合并高血压的临床观察 [J]. 中国民族民间医药杂志，2017，(2): 97-98，100.

[56] 冯兴建. 综合疗法治疗肝肾阴虚型眩晕60例的临床研究 [J]. 光明中医，2016，31 (9): 1269-1270.

[57] 段文慧，张振强. 天麻钩藤饮联合西药治疗后循环缺血性眩晕40例 [J]. 世界最新医学信息文摘（电子版），2016 (36): 206.

[58] 严志聪，麦杞峰. 天麻钩藤饮与多巴丝肼片联合用药治疗帕金森病的疗效观察 [J]. 中国医院用药评价与分析，2016，6：778-780.

[59] 陈洁，庄进飞，林海龙，等. 羚角钩藤汤合菖蒲郁金汤加减治疗重症手足口病并发中枢神经系统损害的疗效 [J]. 中药材，2016 (3): 666-668.

[60] 邓晓鹏，文雅，樊凌云. 门氏芍药钩藤木耳汤治疗带状疱疹后遗神经痛28例临床疗效观察 [J]. 山西中医学院学报，2016，17 (3): 46-47.

[61] 徐进友，管学能，杨德功，等. 钩藤散浸膏治疗老年性痴呆临床观察 [J]. 山西中药，2016，32 (6): 18-20.

[62] 胡江源. 天麻钩藤饮合耳聋左慈丸治疗神经性耳鸣38例临床观察 [J]. 中国民族民间医药，2010，25 (14): 78-79.